高等职业教育计算机系列教材

新一代信息技术基础

吴焱岷　喻　旸　主　编

郎　捷　郑孝宗　副主编

孙梦娜　张桂英　刘思伶　参　编

何雨虹　漆津利

電子工業出版社

Publishing House of Electronics Industry

北京 · BEIJING

内容简介

本课程是人工智能与大数据方向开设的专业必修课之一，旨在帮助学生了解新一代信息技术发展的历史进程、主要阶段、基本现状和主要成就，以及相关领域的发展成果，明确新一代信息技术的发展离不开改革开放，离不开党和国家的一贯支持，从而加强学生对本专业、本行业的了解，坚定学生的专业自信，进一步培养学生的探索精神、创新精神和工匠精神。本课程具有综合性、实用性、导向性和基础性的特点，强调理论联系实际，采用校企合作开发模式，具有较高的实用价值。

本课程根据学科特点和学生实际，强调讲解宏观性、基础性知识，围绕新一代信息技术基础的基本概念、发展阶段、主要特点、行业前沿、智能生活和创新创业等内容构建了 6 个学习模块，形成清晰的教学思路，能够直接进行教学应用。

本书可作为人工智能与大数据专业或相关专业的教材，也可作为无信息技术基础的学生或爱好者的入门读物。

图书在版编目（CIP）数据

新一代信息技术基础 / 吴燚岷，喻旸主编. —北京：电子工业出版社，2024.1

ISBN 978-7-121-46926-8

Ⅰ. ①新… Ⅱ. ①吴… ②喻… Ⅲ. ①电子计算机Ⅳ. ①TP3

中国国家版本馆 CIP 数据核字（2023）第 246251 号

责任编辑：潘　娅
印　　刷：山东华立印务有限公司
装　　订：山东华立印务有限公司
出版发行：电子工业出版社
　　　　　北京市海淀区万寿路 173 信箱　　　邮编：100036
开　　本：787×1092　1/16　印张：12　字数：293 千字
版　　次：2024 年 1 月第 1 版
印　　次：2024 年 8 月第 2 次印刷
印　　数：1 000 册　　定价：39.00 元

凡所购买电子工业出版社图书有缺损问题，请向购买书店调换。若书店售缺，请与本社发行部联系，联系及邮购电话：（010）88254888，88258888。

质量投诉请发邮件至 zlts@phei.com.cn，盗版侵权举报请发邮件至 dbqq@phei.com.cn。

本书咨询联系方式：（010）88254570，xujj@phei.com.cn。

前言

党的二十大报告指出，推动战略性新兴产业融合集群发展，构建新一代信息技术、人工智能、生物技术、新能源、新材料、高端装备、绿色环保等一批新的增长引擎。

本书深入学习贯彻党的二十大精神，认真贯彻“构建新一代信息技术增长引擎”的要求，通过系统介绍国内信息技术产业的历史、成就、发展趋势和典型案例等，让学生在学习新一代信息技术的过程中，对我国建设现代化产业体系有一定的了解，坚定信心，勇于实践，努力成长为德、智、体、美、劳全面发展的社会主义建设者和接班人。

职业教育直接服务于当地的经济建设，在国家大力倡导构建终身学习体系之际，学校更应该落实好立德树人的根本任务，开发集价值导向、知识传授、能力培养为一体的课程。根据工学类专业课程的主要特点，职业教育整体上要注重强化学生素质教育，培养学生精益求精的大国工匠精神，激发学生科技报国的家国情怀和使命担当。

学生在学习过程中可以采用课前预习、课中研讨、课后复习的总体思路，以及线上、线下相结合的学习模式，并展开开放讨论，这样不仅可以充分培养学生的学习能力，还可以提高学生分析问题和解决问题的能力。

本书以广阔视角纵观全球特别是中国信息技术行业的迅猛发展和已取得的瞩目成就，全面介绍人工智能、云计算、大数据、移动物联网和网络空间安全等技术，力图从技术发展历程、重要节点、目前状态和未来趋势等方面进行展示，以帮助学生全面了解和掌握。作为入门级的基础类书籍，本书没有介绍晦涩的技术术语和工作原理，而是从应用的角度进行梳理，通过丰富多彩的多媒体资料来提高学生的学习兴趣。

本书共 6 章，第 1 章为总论，第 2～5 章为分论，第 6 章为结论。第 6 章对职业生涯规划进行了介绍，帮助学生学以致用。

本书由重庆电子工程职业学院的吴焱岷和重庆金保信息技术服务有限公司的喻旸担任主编，由郎捷、郑孝宗担任副主编，由吴焱岷统稿。吴焱岷负责编写第 1 章，郑孝宗和何雨虹负责编写第 2 章，孙梦娜负责编写第 3 章，张桂英负责编写第 4 章，刘思伶负责编写第 5 章，郎捷负责编写第 6 章，喻旸负责收集和整理企业应用资源，漆津利翻译并整理了大量参考资料。

为了方便教师教学，本书配有电子教学课件及相关资源，请有需求的教师登录华信教育资源网（www.hxedu.com.cn）注册后免费下载，如果有问题可以在网站留言板留言或与电子工业出版社联系（E-mail：hxedu@phei.com.cn）。

教材建设是一项系统工程，需要在实践中不断加以完善及改进，同时由于时间仓促，编者水平有限，书中难免存在不足之处，敬请同行专家和广大读者给予批评指正。

编　者

目录

第1章 认识IT新时代

内容介绍

了解历史，分析规律，才能展望未来。本章从信息技术发展的阶段入手，总结了信息技术发展的几个重要阶段，使读者对信息技术的发展产生宏观的认识，并且了解信息技术行业。

任务安排

任务1　了解人工智能的发展历程
任务2　探索计算机行业的发展历程
任务3　感受互联网浪潮
任务4　认识物联网新纪元

学习目标

✧ 了解计算机行业的发展历程。
✧ 了解计算机的特点、应用及分类等方面的知识。
✧ 掌握与计算机信息处理相关的知识。
✧ 掌握与计算机系统组成相关的知识。

任务 1　了解人工智能的发展历程

任务描述

如今，信息技术（Information Technology，IT）行业中最热门的词汇莫过于人工智能（Artificial Intelligence，AI），我们对它的了解大多来自科幻电影，虽然影视作品对科技的力量进行了艺术美化和表达，但是不可否认的是很多早期的科幻景象，通过科技工作者的攻关，已经成为现实。本任务将帮助读者了解人工智能的发展历程。特别是在目前激烈的国际竞争中，人工智能已经成为技术的焦点，各个国家也高度重视人工智能的发展及相关专业人才的培养。

任务分析

科幻电影中的人工智能已经蕴含了初步的科技规范，如“机器人三定律”背后折射出的是对科技领域更高层次的哲学思考，可以从事物发展的历史中分析规律、预测趋势。从天马行空的想象到层出不穷的人工智能产品，从影视作品中的特效到日常生活的实体，这就需要我们不断地探索和认识人工智能的发展轨迹，使科技服务于生活。

知识准备

阅读与人工智能相关的科幻作品，对人工智能产品、行业进行初步了解。

1.1.1　从数据到信息

信息技术是用于管理和处理信息所采用的各种技术的总称，主要应用计算机科学和通信技术来设计、开发、安装与实施信息系统及应用软件。信息技术也被称为信息和通信技术（Information and Communication Technology，ICT），主要包括传感技术、计算机与智能技术、通信技术和控制技术。

要理解信息技术的概念，必须先了解计算机。按照字面意思推断，计算机是用于计算的机器。

第谷·布拉赫（Tycho Brahe）是中世纪丹麦的天文学家和占星学家。他持续 20 余年观测星空并记录了大量数据，取得了惊人的成就，动摇了亚里士多德的天体不变的学说，开辟了天文学发展的新领域。其助手开普勒正是在他留下的大量数据的基础上进一步推演并计算，得出了开普勒三大定律，如表 1.1 所示，开创了近现代天文学的全新视野。

表 1.1　开普勒三大定律

定　律	别　称	内　容
开普勒第一定律	椭圆定律	所有行星绕太阳运动的轨道都是椭圆，太阳处在椭圆的焦点上
开普勒第二定律	面积定律	行星和太阳的连线在相等的时间间隔内扫过的面积相等
开普勒第三定律	周期定律	所有行星轨道的半长轴的三次方与其公转周期的二次方的比值相等

开普勒通过对数据进行分析、归纳、总结和演绎等，发现了隐藏在数据背后的规律，从而指导了该学科的发展。

每天股市都会产生大量的数据，对股民而言，记住这些数据并没有太大的实际意义，他们更希望根据这些数据进行逻辑计算，预测出数据发展的趋势。如图 1.1 所示，与左侧的大量数据相比，右侧的趋势线更能引起股民的关注。

时间	开盘价格（元）	收盘价格（元）
2020.12.1	￥30.70	￥27.10
2020.12.2	￥33.10	￥27.90
2020.12.3	￥48.20	￥39.00
2020.12.4	￥47.20	￥52.00
2020.12.7	￥46.50	￥49.50
2020.12.8	￥37.90	￥40.00
2020.12.9	￥47.90	￥60.10
2020.12.10	￥50.60	￥51.20
2020.12.11	￥32.40	￥25.10
2020.12.14	￥27.00	￥25.60
2020.12.15	￥41.10	￥37.30
2020.12.16	￥27.30	￥31.20
2020.12.17	￥26.30	￥41.30
2020.12.18	￥44.10	￥48.60
2020.12.21	￥46.80	￥54.30
2020.12.22	￥39.20	￥50.50
2020.12.23	￥23.70	￥33.10
2020.12.24	￥45.60	￥58.80
2020.12.25	￥46.20	￥47.30
2020.12.28	￥29.60	￥38.20

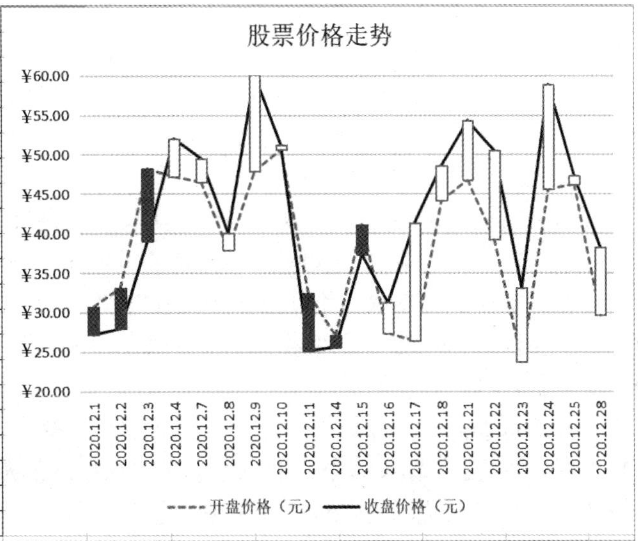

图 1.1　股市价格走势分析（模拟）

与现代纷繁的社会现象相关，每时每刻都会产生大量的数据，只有对这些数据进行清洗和分析，才能总结出规律，更好地指导对未来的预测。早期这些研究工作是由人工来完成的，现在可以将大量的计算工作交由计算机完成。下面的定义可以比较好地解释什么是计算机。

A computer is a machine whose function is to accept and store data and process them into information.（计算机是一种机器，其功能是接收和存储数据，并将其处理成信息。）

也可以通过这个定义来理解“人工智能与大数据”：大量数据产生于真实世界，并存储到“云端”，通过人工智能软硬件进行分析，就能得到有意义的信息。

1.1.2　IT 的飞跃：人工智能的出现

信息技术行业中的关键词包括大数据、人工智能和物联网，要了解这些关键词的内涵必须从信息技术的发展历程说起。

“人工智能”并不是新概念，早在 2001 年，华纳兄弟影片公司就出品了一部科幻电影《人工智能》（*Artificial Intelligence*）。该影片中的小孩儿大卫是一个具备人工智能的机器人，他被领养后又被抛弃，虽然历经各种磨难，但不断地寻找自己的价值，渴望变成真正的小孩儿，重新回到人类妈妈的身边。

《人工智能》这部电影表达的是人们对未来科技温情脉脉的向往。但有的导演则视高科技为洪水猛兽，预示人工智能将终结人类，比较著名的电影有《西部世界》（*Westworld*）、《终结者》（*The Terminator*）、《黑客帝国》（*The Matrix*）、《生化危机》（*Resident Evil*）和《机械姬》（*Ex Machina*）等。另外，《阿丽塔：战斗天使》（*Alita：Battle Angel*）也表达人类对高科技的深深恐惧。

人类对机器人总是抱有复杂的情感，在没有机器人时，人类在宇宙面前是孤独的。机器人的问世，使人类在惊羡它们超人的计算能力的同时，又担心它们对人类造成威胁。事实上，人类文明的进步离不开机器人的协助。1950 年，阿西莫夫在《我，机器人》一书的“引言”中提出了机器人三定律，这或许对平衡人类与机器人之间的矛盾有所帮助。

第一定律：机器人不得伤害人类个体，或者目睹人类个体将遭受危险而袖手旁观。

第二定律：机器人必须服从人给予它的命令，当该命令与第一定律冲突时除外。

第三定律：机器人在不违反第一定律、第二定律的情况下要尽可能保护自己的安全。

这相当于为机器人硬件增加了软性约束，使机器人具备“道德”底线和水准，也将人工智能提升到了更高层面。

人工智能离不开计算机、网络、信息安全、算法、系统结构、自动化和大数据等专业知识。本书从计算机的发展历程入手，在信息技术的发展历程中探究人工智能的发展方向，帮助读者厘清思路，更好地规划未来的学习之路。

近年来，人工智能的应用呈爆炸式增长，大量的创业公司和知名企业开始实施人工智能计划。自从阿尔法狗（AlphaGo）打败李世石和柯洁之后，人工智能的概念变得越来越清晰。目前，人工智能已经衍生出多个方向，如自动驾驶、自主决策、智慧语音和智能云计算等。人们越来越热衷于机器“类人化”，以便更好地为人类服务。

人工智能是研究与开发用于模拟、延伸和扩展人类智能的理论、方法、技术及应用系统的一门新的技术学科，是计算机学科的一个分支。它企图实现智能的实质，即以与人类智能相似的方式做出反应。人工智能领域的研究包括机器人、语言识别、图像识别、自然语言处理和专家系统等。

美国《财富》杂志曾发表文章，介绍了世界人工智能的四大金刚，即美国的微软、谷歌、Facebook，以及中国的百度。这标志着中国科技公司已步入世界顶尖科技的行列。

我国新一代人工智能产业聚焦于多元化的应用场景，结合交通、医疗、金融和安全防范等领域智能化改造升级的切实需求，集中选择一个或几个重点领域进行布局，围绕行业全生命周期大数据，通过优化场景设计率先推动商业化落地。

近年来，差异化和区域化的竞争态势推动我国产业规模持续发展，2018 年新一代人工智能产业规模达到 80 亿美元，2019 年新一代人工智能产业规模突破百亿美元大关，2020 年新一代人工智能产业规模接近 150 亿美元。在加快推动新一代人工智能应用场景落地的政策和市场的推动下，2022 年我国新一代人工智能产业规模逼近 300 亿美元。我国新一代人工智能产业规模如图 1.2 所示。

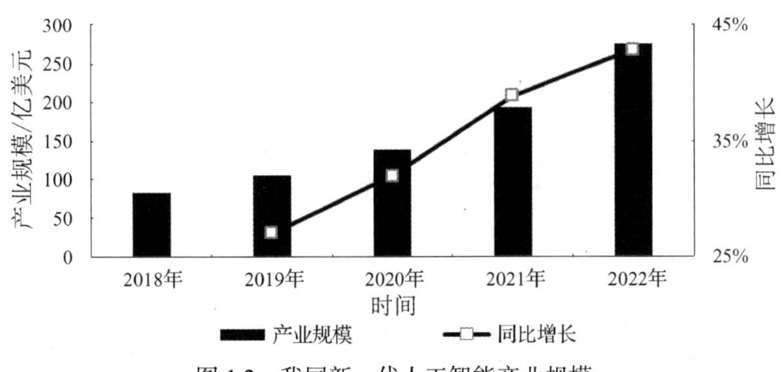

图 1.2　我国新一代人工智能产业规模

1.1.3　人工智能的发展方向

人工智能的整体研究方向是“强”人工智能，即全面模拟并可能超越人类的思维模式。目前，人工智能只能在特定领域接近、达到并超越人类，总体上仍然属于“弱”人工智能阶段。但是，人工智能的发展前景广阔，大致的发展方向如下。

1. 深度神经网络

模仿人类大脑的深度神经网络展示了它们可以从图像、音频和文本数据中“学习”的能力。在学习过程中，使用深度神经网络可以清除无用信息，保留需要的真实信息。

2. 深度增强学习

深度增强学习是一种通过观察、行动和奖励与环境互动，从而进行自我完善的神经网络算法。它已经被用于游戏攻略等，如雅达利（Atari）和围棋。

3. 概率编程

概率编程是一种高级编程语言及建模框架，允许开发人员便捷地设计概率模型，并且自动求解这些模型。概率编程语言的模型库可以重复使用，支持交互式建模及认证，并且能够提供必要的抽象层用于更广泛和有效地推论通用模型组。

4. 混合学习模式

不同类型的深度神经网络（如生成对抗网络和深度增强学习）在效果和结合不同类型数据的应用方面显示出巨大的前景。不过，深度学习模型无法为具有不确定性的数据场景建模，但贝叶斯概率方法能够实现。混合学习模式结合了这两种方法，能够充分利用两种方法的优势，如贝叶斯深度学习、贝叶斯生成对抗网络和贝叶斯条件生成对抗网络等。

5. 自动机器学习模型

开发自动机器学习模型是一项耗时长且必须由专家驱动的工作，包括数据准备、特征选择、模型或技术选择、训练和调试等。自动机器学习旨在使用多种不同的统计学和深度学习算法自动完成这项工作。

任务 2　探索计算机行业的发展历程

任务描述

计算机是信息技术领域最常见的设备，对信息技术的了解可以从计算机行业的发展历程中管中窥豹，计算机的发展离不开先进企业的大力推动。本任务根据几家企业的产品策略调整来探索、分析信息技术行业的重大变化。

任务分析

计算机大体分为软件和硬件两大部分，数家企业分别耕植不同领域，如专注于硬件领域特别是以 CPU 而闻名于世的英特尔公司，专注于软件领域以操作系统、数据库、办公软件为旗舰产品的微软公司，以系统集成闻名的 IBM，计算机跨界数字消费品领域的苹果公司，以及国有计算机集成商联想集团。上述几家企业特色鲜明，颇具代表性。本任务从这 5 家企业入手，帮助读者初步认识和了解计算机行业。

知识准备

计算机起源于人们对计算体量、速度和精度的追求，是近代科技的发展需要新的计算工具与之相适配的产物。我们所说的计算机通常指个人计算机（Personal Computer，PC），俗称微机（微型计算机），只是计算机的一个分类。除了常见的个人计算机，还有巨型计算机、大型计算机和小型计算机等，它们的功能、性能和价值远远超过个人计算机。

在人类历史上，计算工具的演化经历了从简单到复杂、从低级到高级的不同阶段，如从“结绳记事”中的绳结到算筹、算盘、计算尺、机械计算机等。它们在不同的历史时期发挥了各自的作用，同时启发了现代电子计算机的研制思想。

约翰·冯·诺依曼奠定了电子计算机的基础框架。1889 年，赫尔曼·何乐礼研制出以电力为基础的电动制表机，用于存储计算资料。1930 年，范内瓦·布什造出世界上首台模拟电子计算机。1946 年 2 月 14 日，由美国军方定制的电子计算机“电子数字积分计算机”（Electronic Numerical Integrator And Computer，ENIAC）在美国宾夕法尼亚大学问世。但这只是计算机的“青铜时代”，因为电子数字积分计算机造价昂贵，主要用于军事或科研领域，难以实现普遍应用。早期计算机经历了电子管、晶体管两个主要发展阶段。

20 世纪 70 年代初，大规模乃至超大规模集成电路的出现，为计算机发展注入了全新的动力。20 世纪 80 年代 IBM 推出的计算机虽然价格昂贵，但是已经能够满足普通民众的消费需求，计算机进入“白银时代”（也被称为“PC 时代”）。

2000 年之后，计算机与通信和消费产品等相结合，以 3C（Computer、Communication、Consumer Electronics）产品的形式通过互联网进入家庭。3C 产品不仅更贴近大众生活，还能更好地为人类服务，计算机正式进入“黄金时代”（也被称为“后 PC 时代”）。

在“PC 时代”，计算机是单独使用的。在“后 PC 时代”，计算机与计算机之间连接成网络，由局域网发展成连接全球的互联网，而且越来越多的智能产品，如智能手机、平板电脑、智能手表和摄像头等都实现了互联，将网络提升到“万物互联”的高度，“物联网”也成为炙手可热的概念和技术。

1.2.1　IBM 开启新时代

国际商业机器公司（International Business Machines Corporation，简称 IBM）的总部在纽约州阿蒙克市。由托马斯 •沃森创立的 IBM 是全球最大的信息技术和业务解决方案企业，目前拥有全球雇员 30 多万人，业务遍及 160 多个国家和地区。

IBM 成立后，其发展分为 5 个主要阶段。

第一个阶段：第二次世界大战期间，涉猎计算机领域

第二次世界大战期间，IBM 主要生产穿孔卡片机、军用计算机设备，并为海军开发了 Harvard Mark I 系统，如图 1.3 所示，这是美国第一台大规模的自动数码计算机。1944 年，IBM 与哈佛大学开始合作，先后研制了电子管计算机 Mark-1 和 Mark-2，以及电子管继电器混合大型计算机 SSEC。

第二个阶段：20 世纪 50 年代，商业化产品

20 世纪 50 年代，IBM 研制出小型数据处理计算机 IBM 1401，如图 1.4 所示。它采用了晶体管线路、磁芯存储器等先进技术，使主机体积大大减小，电子数据处理计算机彻底代替了卡片分析机。随后，IBM 在四五年内推出了不同型号的计算机，共销售出 14 000 多台，这奠定了 IBM 在计算机行业的领先地位。

图 1.3　Harvard Mark I 系统

图 1.4　小型数据处理计算机 IBM 1401

第三个阶段：20 世纪 60—80 年代，计算机时代来临

20 世纪 60 年代，随着半导体集成电路的出现，IBM 积极投入第三代集成电路计算机的生产。1964 年，IBM 推出了具有划时代意义的 System/360 大型计算机，如图 1.5 所示，宣告了大型计算机时代的来临。

1975 年，IBM 已成为一家集科研、生产、销售、技术服务和教育培训于一体的联合企业。1981 年 8 月 12 日，IBM 推出个人计算机 IBM 5150，如图 1.6 所示，从此一个新生市场随之诞生，计算机进入人们的生活。当时 IBM 5150 的售价为 1565 美元，内存只有 16KB，不仅可以使用盒式录音磁带来下载和存储数据，还可以配备 5.25 英寸的软盘驱动器。

图 1.5 System/360 大型计算机

图 1.6 IBM 5150

1979 年，中国银行史上的第一台计算机（IBM 3032）在香港地区启用。

第四个阶段：20 世纪 90 年代，转型阶段

1993 年 1 月 19 日，IBM 宣布 1992 会计年度亏损 49.7 亿美元，随后 IBM 进行了业务调整，即业务重点从硬件转向软件和服务。

1996 年，IBM 提出“电子商务”（e-Business）的口号，以电子商务勾勒出的发展蓝图如图 1.7 所示。

图 1.7 发展蓝图

1999 年以后，微软公司的总体规模超过 IBM，IBM 成为世界第二大软件实体。

第五个阶段：2000 年以后，新的领航战略

2002 年，IBM 通过收购专业咨询服务公司 PricewaterhouseCoopers 来加强自身的咨询能力。

IBM 不断加大专利组合。2020 年，IBM 获得 9130 项专利，远远超过其他公司。据 Fairview Research 旗下的 IFI Claims 专利服务公司统计，2011—2022 年获得专利数排名前 5 位的企业如图 1.8 所示。IBM 在一份声明中提到，它在与人工智能、云计算、安全及量子计算机相关领域获得的专利数都处于领先位置。但 2022 年，韩国三星公司获得的专利数超过了 IBM，这是自 1993 年以来 IBM 首次失去榜首的位置。

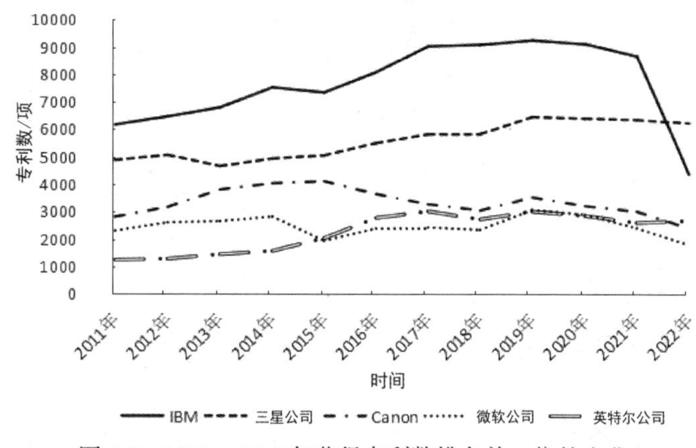

图 1.8 2011—2022 年获得专利数排名前 5 位的企业

保护公司的知识产权（Intellectual Property，IP）逐渐成为 IBM 的一项事业。2003 年，IBM 通过知识产权许可证创造了 10 亿美元的利润。2006 年，IBM 组建了一个全球性的社区，用来完善知识产权市场。2008 年，IBM 总裁兼首席执行官（Chief Executive Officer，CEO）彭明盛首次对外发布了“智慧地球”的概念，即包含 60 亿人、成千上万个应用、1 万亿个设备及其之间每天 100 万亿次的交互。2009 年，IBM 充分把握“感知化、互联化、智能化”的科技大势，提出“智慧地球”“智慧城市”的愿景。

IBM 并没有放弃技术的全球领先地位。2004 年，IBM 宣布将其个人计算机业务出售给联想集团。2011 年 2 月 17 日，IBM 的超级计算机“沃森”（Watson）在美国老牌知识问答电视节目“危险边缘”中击败了 2 位人类冠军，被誉为 21 世纪计算机科学和人工智能方面的伟大突破。2011 年 10 月，IBM 陆续收购了 Algorithmics、StoredIQ 软件公司、Daeja 影像系统有限公司、云营销服务公司 Silverpop、搜索引擎初创企业 Blekko 技术及其团队。

IBM 瞄准服务和咨询行业，于 2014 年 10 月 22 日接管了德国汉莎航空公司的信息技术基础设施部门。2018 年 10 月 29 日，IBM 宣布以 340 亿美元的价格收购 Red Hat。2019 年 3 月，IBM 安全团队宣布推出新的区块链安全测试服务 X-Force Red，以便帮助企业识别区块链技术解决方案中的弱点。

近年来，IBM 的营业收入表现欠佳，从 2011 年的 1069 亿美元下降至 2022 年的 605.3 亿美元，如图 1.9 所示。这主要是因为 IBM 错过了 2012 年以来的几股关键技术潮流，如现在由苹果公司和谷歌主导的移动行业，由亚马逊和微软公司等主导的云计算潮流，以及由 Salesforce 称霸的客户关系行业等。

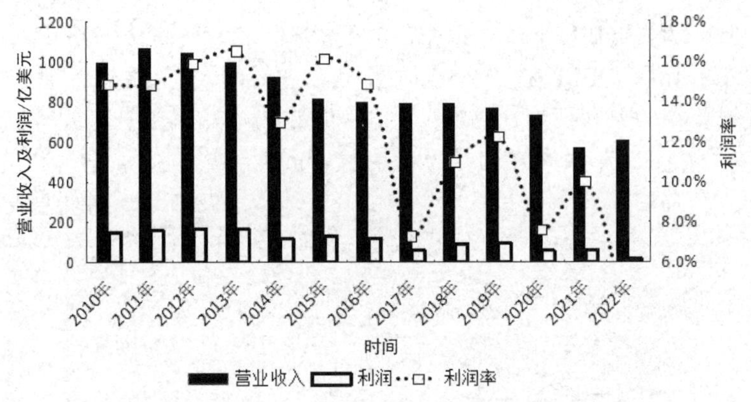

图 1.9　2010—2022 年 IBM 的营业收入及利润

IBM 的经历很好地阐释了“一流企业做咨询、二流企业做标准、三流企业做产品”的企业之道，但是在多变的市场面前，“蓝色巨人”也存在裹足不前的风险。

1.2.2　苹果公司的转向

苹果是美国一家高科技公司，由史蒂夫·乔布斯、斯蒂夫·盖瑞·沃兹尼亚克和罗纳德·杰拉尔德·韦恩等人于 1976 年 4 月 1 日创立，并命名为美国苹果电脑公司（Apple Computer Inc.），已于 2007 年 1 月 9 日更名为苹果公司，总部位于加利福尼亚州库比蒂诺。

苹果公司创立之初，主要开发和销售个人计算机，截至 2014 年致力于设计、开发和销售消费电子产品、计算机软件、在线服务和个人计算机。苹果公司的 Apple Ⅱ于 20 世纪 70 年代开启了个人计算机革命，Macintosh 在 20 世纪 80 年代持续发展。2000 年之后，苹果公司将主要业务调整为数字消费产品，在高科技企业中以创新闻名于世，并将商业神话延续至今。

目前，苹果公司的硬件产品主要是 Mac 计算机系列、iPod 媒体播放器、iPhone 智能手机和 iPad 平板电脑，在线服务包括 iCloud、iTunes Store 和 App Store，消费软件包括 OS X 和 iOS 操作系统、iTunes 多媒体浏览器、Safari 网络浏览器，以及 iLife 和 iWork 创意与生产套件。

苹果公司的发展经历了 4 个主要阶段。

第一个阶段：计算机领域独领风骚

1975 年年初，苹果公司推出 Apple Ⅰ型计算机。1977 年 4 月，苹果公司在首届西岸计算机展览会（West Coast Computer Fair）上推出 Apple Ⅱ型计算机。1983 年，苹果公司推出的 Apple Lisa 的售价为 9995 美元。因为 Apple Lisa 的价格昂贵，并且缺乏必要的软硬件支持，所以遭遇滑铁卢，被视为苹果公司最差的产品之一。

1984 年 1 月 24 日，苹果公司发布 Apple Macintosh，该计算机装配有全新的、具有革命性的操作系统，成为计算机工业发展史上的一个里程碑。Apple Macintosh 一经推出，就受到热捧，人们争相抢购，苹果公司的计算机市场份额不断上升。

Apple 原型机、Apple Lisa 和 Apple Macintosh 的机型如图 1.10 所示。

Apple 原型机

Apple Lisa

Apple Macintosh

图 1.10　Apple 原型机、Apple Lisa 和 Apple Macintosh 的机型

第二个阶段：遭遇 IBM 和微软公司的硬件、软件两面夹击

1985 年，乔布斯坚持采用苹果计算机软件与硬件的捆绑销售策略，致使苹果计算机无法得到广泛普及。自 1981 年 IBM 推出个人计算机之后，苹果公司的市场不断被蚕食。

1985 年 4 月，苹果公司董事会决议撤销了乔布斯的经营权。1985 年 9 月 17 日，乔布斯辞去苹果公司董事长职位，创建了 NeXT Computer 公司。1985 年 10 月 24 日，时任苹果公司 CEO 的约翰 • 斯卡利同意如果微软公司继续为苹果公司生产软件（如 Word、Excel），就允许微软公司使用苹果公司的部分图形界面技术。

1989 年，苹果公司推出销量欠佳的笔记本电脑 Macintosh Portable 后，更受欢迎的笔记本电脑 PowerBook 在 20 世纪 90 年代初面世，如图 1.11 所示。PowerBook 是苹果公司与索尼公司联合设计的，为当今流行的笔记本电脑设立了现代的外形标准，即通过后部的铰链支撑屏幕，打开后平台的后半部分放置键盘，前方则是轨迹球（后改为触摸板）。另外，PowerBook 还包括操作系统（如 ProDOS、macOS 和 A/UX）、网络产品（如 AppleTalk）和多媒体软件（如 QuickTime）。

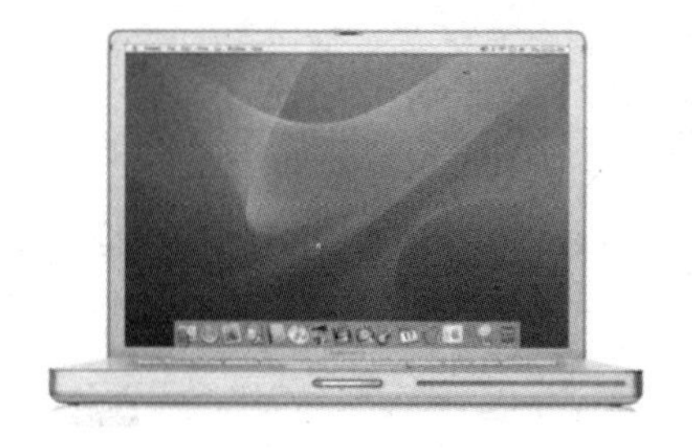

图 1.11　笔记本电脑 PowerBook

1990 年，随着销量下滑，苹果公司将产品线推向两个方向，即更“开放”和更高价，但是势头并未逆转。

1993 年，苹果公司推出 Newton，提出了个人数字助理（Personal Digital Assistance）一词，即最早的 PDA。虽然 Newton 的销量不太理想，但是成为 Palm Pilot 和 Pocket PC 等产品的先驱者。1994 年，苹果公司更新了 Macintosh 产品线，推出了 Power Mac 系列。Power Mac 系列基于 IBM、摩托罗拉和苹果公司共同开发的 Power PC 系列处理器。

进入 20 世纪 90 年代，微软公司的新用户开始比苹果公司的多。特别是，1995 年微软公司的 Windows 95 操作系统一经推出，苹果公司计算机的市场份额就一落千丈。

第三个阶段：涅槃重生，全面转型

1997 年，乔布斯创办的 NeXT Computer 公司被苹果公司收购，乔布斯回到苹果公司担任董事长。2001 年，苹果公司推出的 macOS X 整合了 UNIX 操作系统的稳定性、可靠性、安全性和 Macintosh 界面的易用性。2001 年 5 月，苹果公司宣布开设苹果零售店，以抑制苹果公司市场占有率下滑的趋势。2001 年 10 月，苹果公司推出的 iPod 数码音乐播放器（见图 1.12）大获成功，配合其独家的 iTunes 网络付费音乐下载系统，一举击败索尼公司的 Walkman 系列成为全球市场占有率最高的便携式音乐播放器。

2002 年年初，苹果公司推出了新款基于 G4 处理器的 iMac G4，如图 1.13 所示，它由一个半球形的底座和一个可转动的数字化平板显示器组成。

图 1.12　iPod

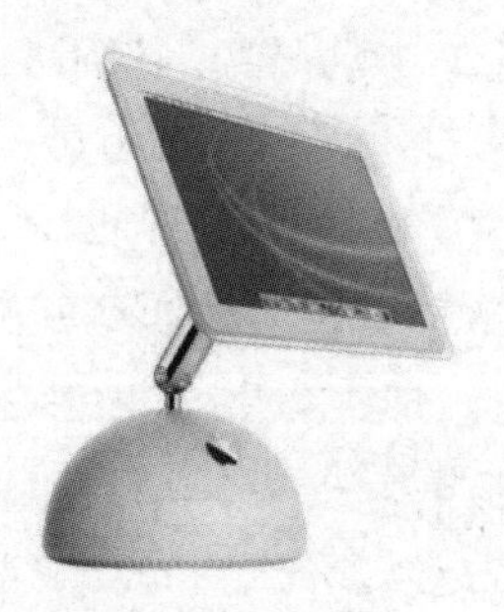

图 1.13　iMac G4

2004 年，苹果公司推出了基于 G5 处理器的 iMac。iMac 也被称为 iMac G5，是当时世界上最薄的台式计算机，厚度大约为 5.1 厘米（约等于 2 英寸）。iMac 的演化如图 1.14 所示。

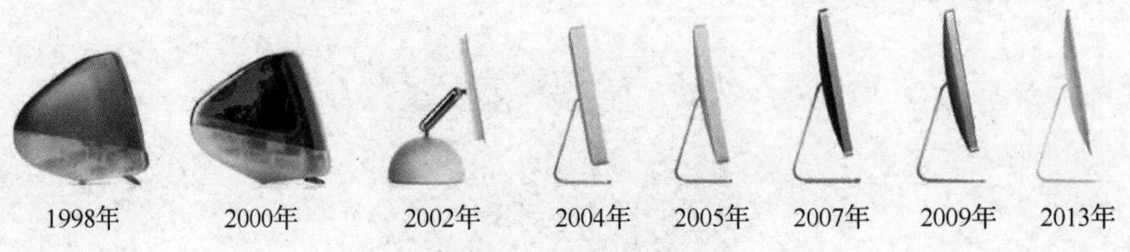

图 1.14　iMac 的演化

2005 年，乔布斯宣布从 2006 年起 Mac 系列的产品将开始使用英特尔公司制造的 CPU（Intel Core 系列）。2007 年，苹果公司推出采用英特尔公司 CPU 的 iMac 计算机，用户能够在重启机器时选择操作系统是采用 macOS X 还是 Windows。之后，苹果公司还推出了笔记本电脑 MacBook Pro、第六代 iPod 数码音乐播放器（称为 iPod classic）、第二代 iPod nano 数码音乐播放器（见图 1.15，采用与 iPod mini 相同的铝壳设计）。

图 1.15　第二代 iPod nano 数码音乐播放器

2007 年，苹果公司推出了 iPhone（见图 1.16）、第三代 iPod nano、iPod touch。

2008 年，乔布斯在 Mac World 上发布了 MacBook Air（见图 1.17），这是当时最薄的笔记本电脑。同年，苹果公司还发布了第四代 iPod nano、第二代 iPod touch、新设计的 MacBook 和 MacBook Pro，以及 iPhone 3G。iOS 2x 版本正式提供全球语言。

图 1.16　iPhone

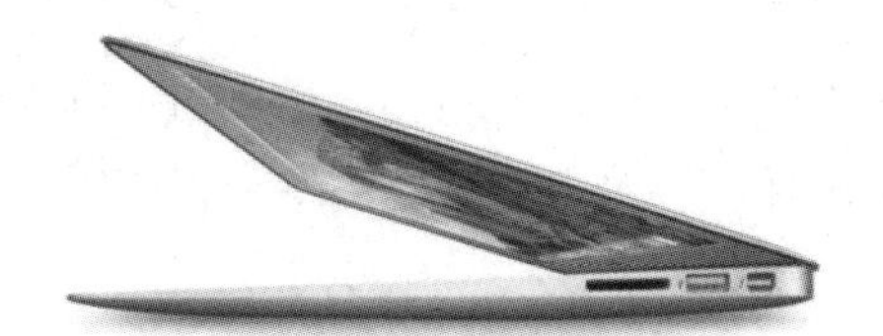

图 1.17　MacBook Air

2009 年，苹果公司推出的 iPhone 3GS（S 代表 speed）加入了指南针、摄像等功能。同年，苹果公司更新了 iPod touch、iPod classic 和 iPod nano 的功能，并推出了 iTunes 9。2010 年，苹果公司推出了 iPad，发布了 iPhone 4（见图 1.18）。

图 1.18　iPhone 4

2011 年，苹果公司不仅推出了 iPad 2 系列产品（分为 Wi-Fi 和 Wi-Fi+3G 系列），还推出了 iPhone 4S、iOS 5、iCloud。

第四个阶段：后乔布斯时代

2011 年 8 月 24 日，乔布斯辞去苹果公司 CEO 一职，董事会任命原首席运营官提姆·库克为公司的新任 CEO，乔布斯当选为董事长。2011 年 10 月 5 日，乔布斯逝世。库克接手后并未对公司做出重大调整，大致依照乔布斯时代的方向继续运营。

2012 年，苹果公司收购以色列存储器制造商 Anobit 并在当地设立研发中心，正式发布新一代移动操作系统 iOS 6，并推出第三代笔记本电脑 MacBook Pro、iPhone 5 和 iPod touch 5 等产品。2014 年，苹果公司推出 iPhone 6、iPhone 6 Plus、首款可穿戴智能设备 Apple Watch（见图 1.19）、iPad Air 2、iPad mini 3、视网膜屏 iMac、新款 Mac mini 和 iOS 8.1。2020 年，苹果公司推出的产品有 Apple Watch Series 6、Apple Watch SE、iPad（第八代）、iPad Air（第四代）、A14 Bionic、Apple Watch S6 芯片、Fitness +和 Apple One。

图 1.19　Apple Watch

苹果公司秉承了美国公司一贯的冒险和创新精神，灵魂人物乔布斯也被载入史册。乔布斯领导苹果公司完成了由计算机到数字消费产品线颠覆性的革命，其经历也反映出一代人对“技术+艺术”的极致追求，目前的数码产品或多或少都受到了苹果公司的影响。后乔布斯时代，苹果公司一直保持着较高的营利能力，如图 1.20 所示。创新精神的衰退将成为企业目前亟待解决的问题，参考诺基亚、摩托罗拉等企业的发展可知，不断地引领而不是禁锢市场才是成功的要义。

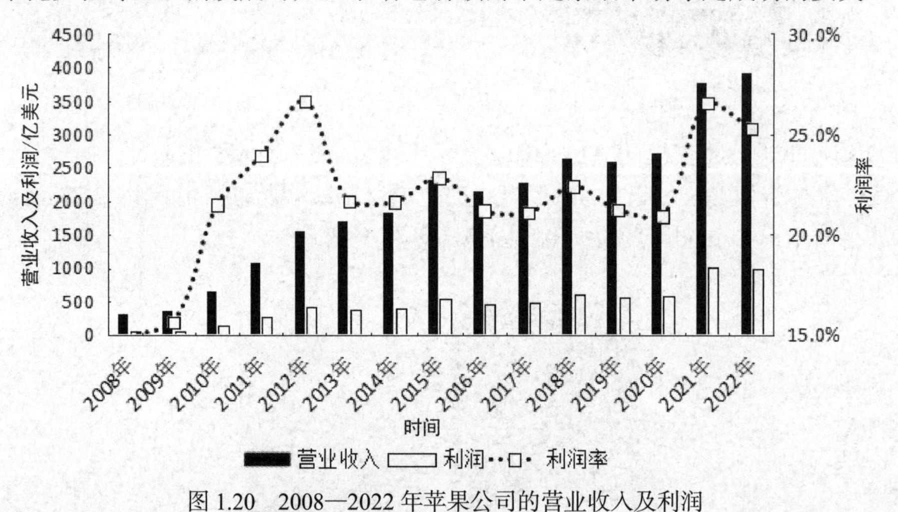

图 1.20　2008—2022 年苹果公司的营业收入及利润

1.2.3　英特尔公司曾一枝独秀

英特尔是美国一家主要研制 CPU 的公司，是全球最大的个人计算机零件和 CPU 制造商，成立于 1968 年，具有 50 年产品创新和市场领导的历史。

随着个人计算机的普及，英特尔公司成为世界上最大的设计和生产半导体的科技巨擘，为全球日益发展的计算机工业提供建筑模块，包括微处理器、芯片组、板卡、系统及软件等。这些产品是标准计算机架构的组成部分，业界利用这些产品为最终用户设计并制造出先进的计算机。

1971 年，英特尔公司推出了全球第一个微处理器 4004。微处理器 4004 集成了 2250 个晶体管，采用 10 微米制程，执行 4 位运算，主频为 108kHz。2021 年，英特尔公司发布了第 11 代酷睿桌面级处理器的旗舰型号酷睿 i9-11900K。酷睿 i9-11900K 的晶体管超过 300 亿个，采用 8 核心 16 线程和 14 纳米制程，执行 64 位运算，主频为 3.9GHz。CPU 技术升级引发的计算机和互联网革命改变了整个世界。

英特尔公司坚守“创新”理念，根据市场和产业趋势不断地自我调整。从微米制程到纳米制程，从 4 位到 64 位，从 Pentium 到酷睿，从硅技术、微架构到芯片与平台创新，英特尔公司不断为行业注入新鲜活力，并联合产业合作伙伴开发创新产品，推动行业标准的制定，从而为世界各地的用户带来更加精彩的体验。

英特尔公司的产品包括 CPU、芯片组、显卡芯片和声卡芯片等，但是人们最熟悉的还是 CPU。根据 CPU 的处理位数不同，大致可以将英特尔公司的发展分为 3 个阶段。

第一个阶段：4 位/8 位/16 位 CPU 时代

1971 年，英特尔公司发布了第一款代号为 4004 的 4 位 CPU，如图 1.21 所示，开启了个人计算机之门。

1972 年，英特尔公司发布了第一款代号为 8008 的 8 位 CPU，两年后发布了代号为 8080 的 CPU。个人计算机 Altair 采用的就是 8080 CPU。

1978 年，英特尔公司发布了第一款代号为 8086 的 16 位 CPU，如图 1.22 所示。

图 1.21　代号为 4004 的 4 位 CPU

图 1.22　代号为 8086 的 16 位 CPU

1982 年，英特尔公司发布了 80286 CPU。在 80286 CPU 发布后的 6 年里，全世界共生产了大约 1500 万台采用该 CPU 的个人计算机。

第二个阶段：32 位 CPU 时代

1985 年，英特尔公司发布了 80386 CPU，这是 8x86 系列中的首款 32 位芯片，具有多任务处理功能。1989 年，英特尔公司发布了 80486 CPU，首次增加了一个内置的数字协处理器，大幅度提高了计算速度。1993 年，英特尔公司发布了 Pentium 处理器，如图 1.23 所示，可以用来处理多媒体数据。

1995 年，英特尔公司发布了 Pentium Pro 处理器，用于支持 32 位服务器和工作站应用，但不适应市场需要。1997 年，英特尔公司发布了 Pentium Ⅱ处理器，该处理器不仅采用了 MMX 技术，还采用了创新的单边接触卡盒（S.E.C）封装，并且整合了一个高速缓存存储芯片。1998 年，英特尔公司发布了 Pentium ⅡXeon 处理器，用于满足中高端服务器和工作站的性能要求。1999 年，英特尔公司发布了 Celeron 处理器，用于经济型的个人计算机。Intel Celeron 300A 处理器如图 1.24 所示。

图 1.23　Pentium 处理器

图 1.24　Intel Celeron 300A 处理器

1999 年，英特尔公司发布了 Pentium Ⅲ处理器。Pentium Ⅲ处理器支持互联网数据流单指令序列扩展（Internet Streaming SIMD Extensions），明显增强了处理高级图像、3D、音频流、视频和语音识别等应用所需的性能，并采用 0.25 微米制程。1999 年，英特尔公司发布了 Pentium Ⅲ Xeon 处理器。2000 年，英特尔公司发布了 Pentium 4 处理器，该处理器采用 0.18 微米制程。

第三个阶段：64 位 CPU 时代

2001 年，英特尔公司发布了面向高端服务器的 Xeon 处理器，如图 1.25 所示。同年，英特尔公司发布了安腾（Itanium）处理器，这是 64 位处理器家族中的首款产品。

图 1.25　Xeon 处理器

2002 年，英特尔公司发布了安腾 2（Itanium 2）处理器，该处理器采用 0.13 微米制程。同年，英特尔公司还发布了 Pentium M/Celeron M 处理器，这两款处理器能够延长电池的使用时间，并且可以制作出更加轻薄的笔记本电脑。

2005 年，英特尔公司发布了 Pentium D 处理器，这是首个内含 2 个处理器核心的 CPU，正式进入 x86 处理器多核心时代。2006 年，英特尔公司发布了酷睿系列处理器，包括酷睿单核版、酷睿双核版和酷睿 2 等。

2006 年，英特尔公司发布的酷睿 2/Celeron Duo 处理器采用 Core 微架构桌面/移动 CPU。

2007 年，英特尔公司发布了四核服务器，以 CPU 作为其双核 Quad 和 Extreme 家族的组成部分；发布的四核 QX9770 处理器采用 45 纳米制程。2008 年，英特尔推出了主攻节能的凌动（Atom）处理器。

由于 CPU 制程不断革新，集成度不断提高，因此芯片的面积不断缩小，如表 1.2 所示。

表 1.2　不同的 CPU 制程对芯片的面积的影响

CPU 制程/纳米	芯片的面积/平方毫米	与上一代相比降幅
45	100	
32	62	61.3%
22	38.4	61.5%
14	17.7	116.9%
10	7.6	132.9%

2010 年，英特尔公司发布的第一代 i5/i3 处理器采用 32 纳米制程。2017 年，英特尔公司发布的第八代 i7/i5 处理器采用 14 纳米制程。第八代 i5/i7/i9 处理器如图 1.26 所示。2021 年，英特尔公司发布的第十一代 i9/i7/i5 处理器采用 14 纳米制程。2022 年，英特尔公司发布的第十二代 i9 处理器采用 10 纳米制程。

图 1.26　第八代 i5/i7/i9 处理器

英特尔公司经典款 CPU 的主要参数如表 1.3 所示。

表 1.3　英特尔公司经典款 CPU 的主要参数

CPU	处理器位数/位	主频/MHz	晶体管数/万个	制程/纳米	推出时间
4004	4	0.108	0.225	10 000	1971 年
8008	8	0.5	0.35	10 000	1972 年
8080	8	2	0.45	6000	1974 年
8086	16	5	2.9	3000	1978 年

续表

CPU	处理器位数/位	主频/MHz	晶体管数/万个	制程/纳米	推出时间
80286	16	6	13.4	1500	1982 年
80386	32	16	27.5	1500	1985 年
80486	32	25	120	1000	1989 年
Pentium	32	66	310	800	1993 年
Pentium Pro	32	150	550	350	1995 年
Pentium Ⅱ	32	300	750	250	1997 年
Pentium Ⅲ	32	500	950	180	1999 年
Pentium 4	32	1400	4200	180	2000 年
Itanium	64	733	32 000	180	2001 年
Pentium D	64	3200	29 100	65	2005 年
Core 2 Due	64	2930	29 100	65	2006 年
i9-7900X	64	3300	1 000 000	14	2017 年
i9-11900K	64	3900	3 000 000	14	2021 年
i9-12900K	64	3900	3 000 000+	10	2022 年

英特尔公司曾经将 CPU 制程提升到 14 纳米的水平，成为业界翘楚。但是随着移动互联技术的迅猛发展，高通等公司奋起直追，目前高通的最新 CPU 制程已经达到 7 纳米的水平，英特尔公司在基于计算机的 CPU 制程上已经明显落后。另外，在为苹果公司短暂提供 CPU 之后，英特尔公司宣布退出移动平台 CPU 的市场，偏离了未来主流的发展方向。2010—2022 年英特尔公司的营业收入及利润如图 1.27 所示。

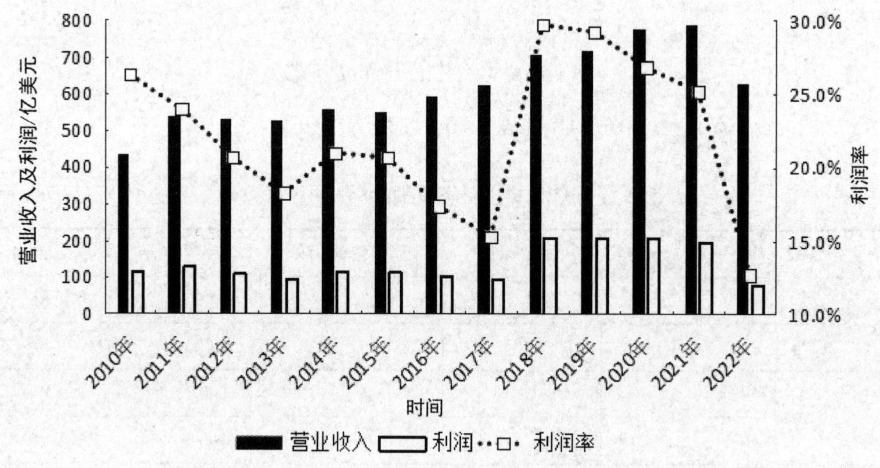

图 1.27 2010—2022 年英特尔公司的营业收入及利润

1.2.4　微软公司的建立

微软公司由比尔·盖茨与保罗·艾伦创办于 1975 年，目前以研发、制造、授权和提供广泛的计算机软件服务业务为主，是美国的一家跨国科技公司，也是计算机软件开发的先导，公司总部设立在华盛顿州雷德蒙德。该公司最著名的产品是 Windows 操作系统和 Office 系列办公软件。

微软公司的发展大体经历了 4 个阶段。

第一个阶段：涉足操作系统，抢占潮头

1975 年，19 岁的比尔·盖茨从哈佛大学退学，和他的高中校友保罗·艾伦一起售卖 BASIC。后来，盖茨和艾伦搬到阿尔伯克基，并在当地的一家旅馆中创建了微软公司。

1977 年，微软公司搬到西雅图贝尔维尤，在那里开发计算机的编程软件。1979 年，微软公司以销售 BASIC 解释器为主。随着微软公司 BASIC 解释器的快速成长，制造商开始采用微软公司 BASIC 的语法以确保与 BASIC 解释器兼容。微软公司的 BASIC 解释器逐渐成为公认的市场标准，微软公司也随之占领市场。

1980 年，IBM 选中微软公司为其个人计算机编写关键的操作系统软件，这是微软公司发展过程中的一个重大转折点。微软公司以 5 万美元的价格从 Tim Paterson 那里购买操作系统 QDOS 的使用权，再进行部分改写后提供给 IBM，并将其命名为 DOS（Disk Operating System，磁盘操作系统）。随着计算机的普及，DOS 取得了巨大的成功，并于 20 世纪 80 年代成为个人计算机的标准操作系统。

1983 年，微软公司与 IBM 签订合同，为 IBM 的个人计算机提供操作系统和 BASIC 解释器。随后，微软公司为 IBM、苹果公司等的计算机开发软件。随着微软公司的日益壮大，与 IBM 已经在许多方面成为竞争对手。

第二个阶段：主攻 Windows，确立领先地位

1985 年，微软公司发行了 Windows 1.0，这是 Windows 系列的第一款产品，也是微软公司第一次对个人计算机操作平台进行用户图形界面的尝试。

1991 年，由于利益的冲突，IBM、苹果公司解除了与微软公司的合作关系。其实，IBM 与微软公司的合作关系从未间断过，两家公司保持着既合作又竞争的复杂关系。

1992 年，微软公司收购 Fox 公司，进入数据库软件市场。

20 世纪 90 年代中期，微软公司开始将其产品线扩张到计算机网络领域。1995 年 8 月 24 日，微软公司推出了在线服务 MSN（Microsoft Network）。MSN 是美国在线 ICQ 产品的直接竞争对手，也是微软公司网络产品的主打品牌。

1995 年 8 月 24 日，微软公司发行了一款内核版本号为 4.0 的混合了 16 位和 32 位的 Windows 操作系统——Windows 95，并且成为当时最成功的操作系统。

第三个阶段：切入互联网，拓展市场

1997 年年末，微软公司收购了 Hotmail，重新命名为 MSN Hotmail，并成为.NET Passport，一个综合登录服务系统的平台，后来升级发展为 Windows Live Messenger。2012 年，微软公司用拓展版 Outlook 代替消费者网络版 Hotmail。Outlook 通常应用于企业。

1995—1999 年，微软公司在中国相继成立了微软中国研究开发中心、微软全球技术支持中心和微软亚洲研究院 3 个世界级的科研、产品开发与技术支持服务机构，微软中国成为微软公司除美国总部外功能最为完备的子公司。

2008 年，比尔·盖茨卸任微软公司的日常管理职务，工作重心转向慈善活动，不过仍然留任董事会。

第四个阶段：多头发展，引领下一个浪潮

2009 年，微软公司与雅虎就互联网搜索和网络广告业务方面展开合作，为期 10 年。微软公司获得了雅虎核心搜索技术独家使用许可权，雅虎网站可以使用微软公司推出的“必应”（Bing）搜索引擎，雅虎负责在全球范围内销售两家公司的搜索广告。

2011 年，微软公司收购 Skype。2013 年，微软公司关闭 MSN，MSN 用户使用原有账户登录 Skype 即可看到 MSN 中的联系人信息，并且可以使用 Skype 提供的即时通信、视频通话、手机视频通话和屏幕共享等服务。同年，微软公司收购诺基亚手机业务及其大批专利组合的授权，交易完成之后，“诺基亚”品牌得以保留，3.2 万名诺基亚员工加入微软公司。

2014 年，微软公司任命内部高层管理员萨蒂亚·纳德拉为新任 CEO。

2015 年，MSN 团队转入 Windows 集团。同年，微软公司宣布将与 360 公司、联想集团等合作，为中国用户免费升级 Windows 10 操作系统，并收购以色列安全公司 Adallom。

2016 年，微软公司与小米公司进一步扩展全球合作伙伴关系，小米公司将在其安卓智能手机和平板电脑上预装微软公司的 Office 和 Skype。

2017 年，微软公司和通用电气宣布，将拓展两家公司之间的合作，将运营技术和信息技术结合起来，以消除工业企业在推进数字化转型项目方面所面临的障碍。

2018 年，微软公司宣布为 Windows 10 操作系统提供 ROS 支持，即机器人操作系统。此前该操作系统只支持 Linux 平台。

2020 年，比尔·盖茨宣布从董事会辞职。

微软公司的核心产品是操作系统，先后借鉴了其他公司的网络、安全、浏览器、界面设计等元素。虽然饱受“蓝屏”的困惑，但是不可否认，Windows 系列操作系统的易用性和丰富的软件生态保证了微软公司市场份额最大的领先地位。但随着信息技术行业加速向移动领域的转向，微软公司进入“后比尔”时代。2011—2022 年微软公司的营业收入及利润如图 1.28 所示。

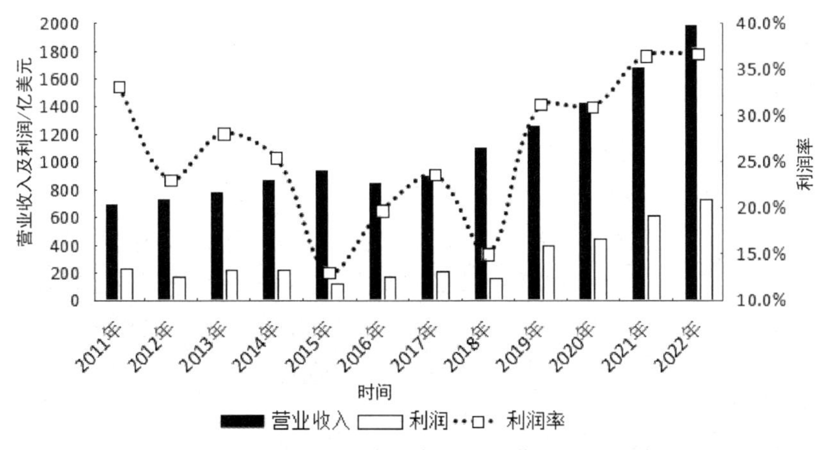

图 1.28　2011—2022 年微软公司的营业收入及利润

1.2.5　联想集团的奋斗

1984 年，中国科学院计算技术研究所投资 20 万元，由柳传志带领 10 名计算机科技人员，抱着将研发成果转化为成功产品的坚定决心，在北京一处租来的传达室中开始创业，并且将这个年轻的公司命名为“联想”（Legend，传奇）。

2003 年 4 月，联想集团正式对外宣布启用集团新标识“Lenovo”，用“Lenovo”代替原有的英文标识“Legend”，并在全球范围内注册。“Lenovo”是一个混成词，“Le”来自“Legend”，“novo”是一个假的拉丁语词汇，从“新的”（nova）而来。

联想集团勇于创新，实现了许多重大技术突破，其中包括可以将英文操作系统翻译成中文的联想式汉卡，以及可以一键上网的个人计算机，并于 2003 年推出完全创新的关联应用技术，从而确立了联想集团在 3C 时代的重要地位。凭借这些技术领先的个人计算机产品，联想集团登上了中国信息技术界的顶峰，成为中国在信息产业内多元化发展的大型企业集团，也是一家富有创新性的国际化的科技公司。

从 1996 年开始，联想集团的计算机销量一直位居国内市场首位。2005 年，联想集团收购 IBM PC 事业部，迈出了国际化最重要的一步。2013 年，联想集团的计算机销量升居世界第一位，成为全球最大的计算机生产厂商。2014 年 10 月，联想集团宣布已经完成对摩托罗拉移动业务的收购。

作为全球计算机市场的领导企业，联想集团提供开发、制造并销售可靠的、安全易用的技术产品及优质专业的服务，帮助全球客户和合作伙伴取得成功。联想集团主要生产台式计算机、服务器、笔记本电脑、智能电视、打印机、平板电脑和手机等商品。

联想集团的发展大体经历了 4 个阶段。

第一个阶段：创业维艰，成立公司

1985 年，联想推出第一款具有联想功能的汉卡产品——联想式汉卡。

1988 年，联想式汉卡荣获中国国家科技进步奖一等奖，并成立联想（香港）有限公司。

1989 年，成立北京联想集团公司。

第二个阶段：稳扎稳打，丰富产品

1990 年，首台联想计算机投放市场。联想集团由进口计算机产品代理商转变为拥有自己品牌的计算机产品生产商和销售商。联想系列产品通过鉴定和国家“火炬计划”验收。

1992 年，联想集团推出家用计算机概念，联想 1+1 家用计算机投入国内市场。1993 年，进入“奔腾”时代，联想集团推出中国第一台“586”个人计算机。1995 年，联想集团推出第一台联想服务器。1996 年，联想笔记本电脑问世，并首次位居国内市场占有率首位。1997 年，联想集团与微软公司签订知识产权协议。同年，联想 MFC 激光一体机问世。1998 年，第 100 万台联想计算机诞生。

1994 年，联想集团在香港证券交易所成功上市。同年，联想集团微机部正式成立。1999 年，联想集团成为亚太市场顶级计算机制造商，在中国电子百强中位列第一名。2000 年，联想集团的股价急剧增长，并且进入香港恒生指数成分股，成为香港旗舰型的高科技股。

第三个阶段：面向海外，推陈出新

2001 年，杨元庆出任联想集团总裁兼 CEO。

2002 年，联想集团成立手机业务合资企业，宣布进军手机业务领域。2003 年，联想集团宣布使用新标识“Lenovo”，为进军海外市场做准备。

2006 年，联想集团第一次在海外大规模发布 Lenovo 品牌的计算机产品。2008 年，联想集团首次在全球推出 IdeaPad 笔记本电脑和 IdeaCentre 台式计算机系列产品，进军全球计算机市场。2008 年，联想集团发布了 13 英寸全功能超轻薄的笔记本电脑 ThinkPad X300，其最薄处仅为 18.6 毫米，最小质量仅为 1.33 千克。

第四个阶段：业务拓展，多元发展

2009 年，联想集团董事会宣布调整公司管理层，由柳传志担任董事长，杨元庆担任 CEO，以便加强公司实现长期全球战略的能力。同年，联想集团向投资者收购联想移动通信技术有限公司的所有权益，这标志着联想集团进军高速增长的中国移动互联网市场。2011 年，联想集团向全球首次推出了平板电脑，并成立新的业务集团——移动互联和数字家庭业务集团。该集团的职责为研发移动互联网终端，包括平板电脑、智能手机，以及包含云计算、智能电视、数字家庭等品类的终端。2011 年 11 月 2 日，柳传志卸任董事长一职，担任联想集团名誉董事长，CEO 杨元庆同时兼任集团董事长。

2012 年，联想集团的计算机销量居世界第一位。

2013 年，联想集团宣布成立两个新的端到端业务集团，分别为 Lenovo 业务集团、Think 业务集团。2014 年 1 月 23 日，联想集团宣布以 23 亿美元收购 IBM 低端服务器业务。自 2014 年 4 月 1 日起，联想集团成立了 4 个新的、相对独立的业务集团，分别为 PC 业务集团、移动业务集团、企业级业务集团和云服务业务集团。2018 年，联想集团正式成立智能设备业务集团。

2015 年 4 月 15 日，联想集团发布了新版 Logo 及新的口号“never stand still”（永不止步）。2017 年，联想集团正式推出联想智能电视 E8 系列产品。

1994 年，联想集团上市，同时产生了未来“线路”之争：总工程师倪光南主张走技术路线，选择以芯片为主攻方向，走“技工贸”路线；总裁柳传志主张发挥中国制造的成本优势，加大自主品牌产品的打造，走“贸工技”路线。

柳传志获得了联想集团内部几乎所有高层管理人员的支持，1995 年倪光南被解除联想集团总工程师和董事的职务。

从短期来看，“贸工技”路线带领联想集团取得了辉煌的成绩，但是整体模式局限于几十年前的计算机生产和销售，不重视自身研发能力，缺乏核心竞争力，发展乏力。2011—2022 年联想集团的营业收入及利润如图 1.29 所示。

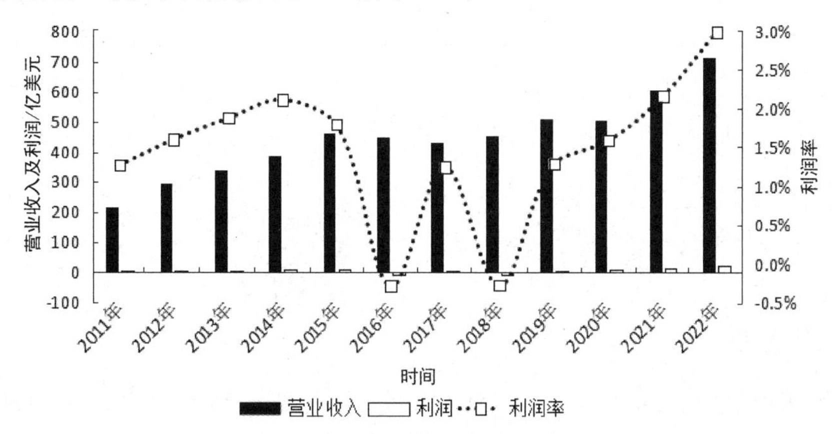

图 1.29　2011—2022 年联想集团的营业收入及利润

无论从中国台湾电子行业走过的路，还是从中国这几年手机行业走过的路来看，通过核心设备，带动上下游行业良性发展，培育良好的生态环境才是持续发展之道。例如，对于华为、小米、OPPO 和 vivo 等手机品牌，手机天线由深圳信维通信提供，触控芯片由敦泰提供，SOC 由展讯和海思提供，指纹识别由汇顶提供，屏幕由深圳天马提供，仅 A 股市值超过 200 亿元的手机产业链公司就超过了 20 家。由图 1.30 可知，联想集团的营业收入绝大部分来自信息技术板块，而信息技术板块的重心又在台式计算机、笔记本电脑上。由表 1.4 可以看出，联想集团正在积极拓展其他板块业务，但是显然，它们的体量目前还非常小。2019 年之后，联想集团根据业务类型分为智能设备业务集团、基础设施方案业务集团和方案服务业务集团。2022 年，以信息技术为主的 IDG 业务在营业收入中的占比超过 83%，占绝对主体地位。

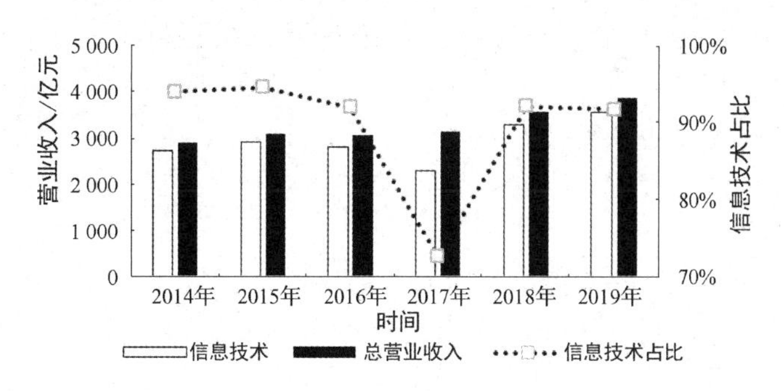

图 1.30　2014—2019 年联想集团的营业收入结构

表 1.4　联想集团主要业务板块的营业收入

单位：亿元

财年	信息技术	金融服务	创新消费与服务	农业与食品	先进制造与专业服务
2014 年	2723.44	13.18	8.53	15.32	—
2015 年	2932.55	9.05	14.95	16.39	18.39
2016 年	2825.51	15.83	21.32	32.66	47.02
2017 年	2293.63	36.38	18.42	49.62	58.44
2018 年	3307.8	69.62	12.88	129.4	63.31
2019 年	3572.12	88.15	9.05	156.95	59.47

联想集团只有主动把握移动互联时代、人工智能时代、大数据时代的新契机，才能不断地突破自身，保持健康成长。

任务 3　感受互联网浪潮

任务描述

由单机向网络的跃迁是信息技术行业发展的一个重要里程碑。信息技术发展先由早期的点逐渐连成线，再形成覆盖全球的网络，目前正加速渗透到生产和生活的各个方面，成为世界不可或缺的一部分。

任务分析

计算机的发展可以提高生产效率和生活质量，网络的出现加速了信息共享和财富聚集。围绕网络的出现，行业新模式也在颠覆传统认知，甚至商业模式和思维方式都出现了很大的变化，从海外的亚马逊到国内的阿里巴巴，从定向产品到包罗万象，从实体产品到虚拟产品，我们都需要从细微处着手，从理念上分析，从格局上理解。

知识准备

截至 20 世纪 90 年代末，计算机已经取得长足发展，形成了英特尔公司主打芯片、微软公司主打操作系统、IBM 主打集成系统的产业格局，并且被广泛应用于国防、科研、工业控制、医疗、信息管理、学习和生活等诸多方面。信息共享和交流的需求日益强烈，计算机互联形成网络的要求也随着技术的成熟而不断完善，最终将各研究所、大学、企业、居民区的小网络不断地连接起来，形成覆盖全球的互联网，将整个世界连接起来，形成“地球村”。

基于互联网的技术创新从未停歇，新的理念和实践交相呼应，对传统行业形成了巨大的冲击，一场轰轰烈烈的互联网浪潮风起云涌。

1.3.1　局域网与互联网的诞生

人类最新的科技往往先应用于军事领域，网络的出现也是如此。1969 年，美国国防部启动高级研究计划署（Advanced Research Project Agency，ARPA）建立的 ARPA Net，这是世界上第一个计算机远距离的封包交换网络，被认为是互联网的前身。

ARPA Net 基于的主导思想如下：网络必须能够经受住故障的考验而维持正常工作，当网络的某个部分因为遭受攻击而失去工作能力时，网络的其他部分应该能够维持正常通信。

ARPA Net 最初只包括 4 个站点，即加利福尼亚大学洛杉矶分校、加利福尼亚大学圣塔芭芭拉分校、犹他大学和斯坦福研究所 SRI，其拓扑结构如图 1.31 所示。

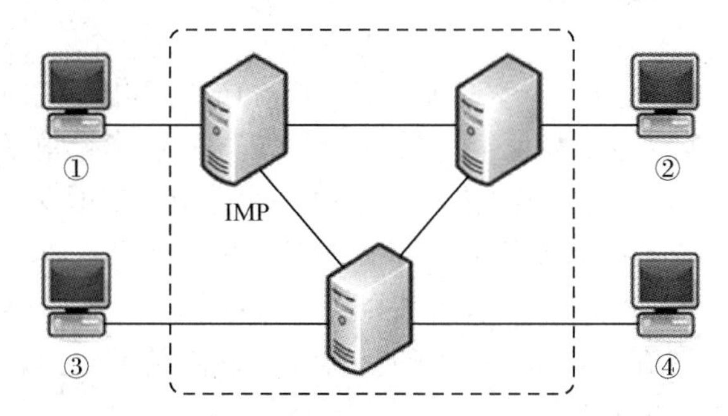

①—加利福尼亚大学洛杉矶分校；②—加利福尼亚大学圣塔芭芭拉分校；③—犹他大学；
④—斯坦福研究所 SRI

图 1.31　ARPA Net 的拓扑结构

1970 年，ARPA Net 开始采用由加州大学洛杉矶分校的斯蒂夫·克洛克设计的网络控制协议（Network Control Protocol）。两年后，ARPA Net 发展到 15 个站点，共 23 台主机。新接入的站点包括哈佛大学、斯坦福大学、林肯实验室、麻省理工学院、卡内基·梅隆大学、美国航空航天局的 Ames 研究中心等。

1974 年，鲍勃·凯恩和温登·泽夫合作，提出基于网络的 TCP/IP 协议。

1975 年，由于 ARPA Net 已经由试验性互联发展为实用型网络，因此其运行管理由 ARPA 移交给国防通信局。1983 年，ARPA Net 分裂为两部分，分别为 ARPA Net 和纯军事用途的 MIL Net。同年，ARPA 把 TCP/IP 协议作为 ARPA Net 的标准协议，后来人们将这个以 ARPA Net 为主干网的网际互联网称为互联网。

在英语中“Inter”的含义是“交互的”，“net”是指“网络”。互联网是一个全球性的计算机网络体系，将数万个计算机网络和数千万台主机连接起来，包含难以计数的信息资源，向全世界提供信息服务。互联网的出现，是世界由工业化走向信息化的象征。

1986 年，美国国家科学基金会（National Science Foundation，NSF）建立了 6 个超级计算机中心。为了方便全国的科学家、工程师共享这些超级计算机设施，美国国家科学基金会建立了自己的基于 TCP/IP 协议簇的计算机网络 NSF Net。

美国国家科学基金会在全国建立了按地区划分的计算机广域网，先将这些地区的网络和超级计算中心相连，再将各超级计算中心相连。局域网通常由一批在地理上局限于某个地域，在管理上隶属于某个机构或在经济上有共同利益的用户的计算机互联而成，连接各局域网主通信节点计算机的高速数据专线构成 NSF Net 的主干网。这样，当一个用户的计算机与某个地区相连以后，该用户不仅可以使用任意超级计算机中心的设施与网上的其他用户通信，还可以获得网络提供的大量信息和数据。

这次成功使 NSF Net 于 1990 年 6 月彻底取代 ARPA Net 成为互联网的主干网。

1987 年，连接在互联网上的主机数量突破 10 000 台。1989 年，互联网服务提供商之一——Compuserve 成立。欧洲核子研究中心的物理学家蒂姆•贝纳斯-李（Tim Berners-Lee）研制出 World Wide Web，推出世界上第一个所见即所得的超文本浏览器/编辑器，这大大推动了互联网的发展。只要连接网络，用户就可以浏览网络上的海量信息，人们将上网形象地称为“冲浪”。

1988 年，由 NSF Net 连接的计算机猛增到 56 000 台，此后每年更是以 2～3 倍的速度增长。1994 年，互联网上的主机数目达到 320 万台，连接了世界上的 35 000 个计算机网络。据估算，截至 2019 年 8 月，互联网上拥有超过 20 亿台主机和 40 亿个用户。

今天的互联网已经不再是计算机专业和军事部门进行科研的领域，而是一个开发和使用信息资源的覆盖全球的信息海洋。在互联网上，按照行业业务分类包括农业、艺术、导航设备、化工、通信、咨询、娱乐、财贸等多种类别，覆盖了社会生活的方方面面，构成了一个信息社会的缩影。

1987 年，中国科学院高能物理研究所通过 X.25 租用线实现了国际远程联网。1988 年，中国实现了与欧洲和北美地区的 E-mail 通信。

1994 年 5 月，中国科学院高能物理研究所的计算机正式连接互联网。同时，以清华大学为网络中心的中国教育与科研网也于 1994 年 6 月正式连接互联网。1996 年 6 月，中国最大的互联网子网 CHINAnet 正式开通并投入运营，在中国兴起了一股研究、学习和使用互联网的浪潮。中国互联网络信息中心 2022 年 3 月发布的第 50 次《中国互联网络发展状况统计报告》显示，截至 2022 年 6 月，中国网民规模为 10.51 亿人，互联网普及率达 74.4%。中国网民规模及互联网普及率如图 1.32 所示。

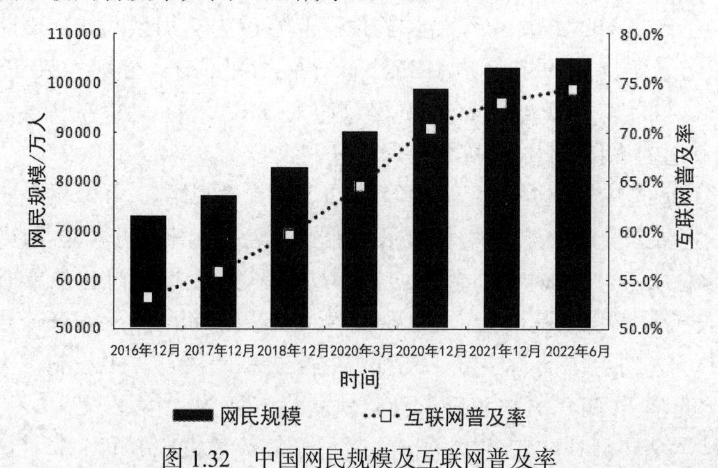

图 1.32　中国网民规模及互联网普及率

1.3.2　互联网对传统行业的颠覆

互联网是以信息技术为支撑的服务业，主要包括基础服务业和应用服务业。互联网产业的蓬勃发展带来了网络经济，网购用户规模和移动支付使用率不断创造新的纪录，如图 1.33 所示。

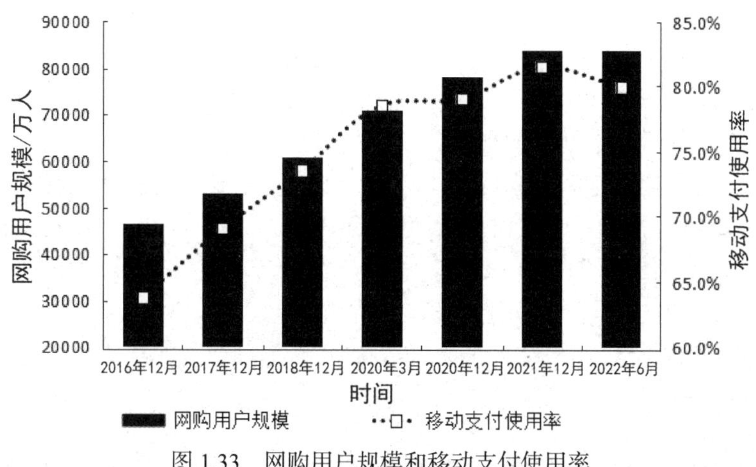

图 1.33　网购用户规模和移动支付使用率

网络经济发展的主要原因如下。

- 改革开放之后，人民生活水平得到大幅度提升，消费能力的提高为网络经济奠定了坚实基础。
- 网络经济有效降低了企业运作成本，其中为企业所追捧的在线商贸 B2B 平台的影响力不断扩大，呈现出从信息平台向交易平台转变的趋势。
- 网民行为互联网化，购物、支付和预订等行为向互联网平台转变。

互联网对传统行业造成了巨大冲击，最先受到影响的有以下几类。

1. 金融信贷理财

2000 年，第三方支付兴起。2003 年，支付宝应运而生。2011 年，中国人民银行首发第三方支付牌照。第三方支付改变了人们的消费支付习惯。

2013 年，余额宝横空出世，“小金库”“零钱宝”“百赚”“微财富”等一大批互联网理财产品相继涌入大众视线，它们使用方便快捷，对传统理财的冲击巨大。

2013 年 3 月，阿里巴巴、腾讯、中国平安联合成立“众安在线”，之后推出了各种保险。中国电子商务研究中心的监测数据显示，2014 年前三季度互联网保险业务收入为 622 亿元，相比 2013 年增长接近 50%。

截至目前，中国互联网金融的发展大致可以分为 3 个阶段。

- 20 世纪 90 年代至 2005 年前后：传统金融行业互联网化的阶段。
- 2005 年至 2012 年前后：第三方支付蓬勃发展的阶段。
- 2012 年至今：互联网实质性金融业务发展的阶段。

在互联网金融发展的过程中，国内互联网金融呈现出多种多样的业务模式和运行机制。

国家将进一步加强对该领域的监管力度，以便更好地服务于社会，服务于人民。

2. 购物出行生活

2014 年 2 月，“京东白条”上线测试。2014 年 12 月，蚂蚁金服“花呗”上线。“京东白条”和“花呗”均为基于各自电子商务体系而提供的赊账服务，在大数据支撑下量化信用，降低贷款风险，提高消费满意度，形成双赢。

2014 年 3 月，阿里巴巴推出“娱乐宝”项目，投资了《狼图腾》和《非法操作》等电影。2014 年 9 月，百度发布“百发有戏”平台，投资电影《黄金时代》。2014 年年底，众筹电影《十万个冷笑话》走红，颠覆了传统影院模式。

滴滴、优步、曹操出行和共享自行车等出行方式，对传统出租车等行业造成了冲击。

原来我们要随身携带钱包，银行卡和现金等一样都不能少。现在，很多菜市场、小超市甚至路边小吃摊都贴上了收款二维码，付款方式的多元化使我们的生活更加方便快捷。

“手机在手，吃喝不愁，移动支付，扫扫就有。”由此可见手机支付已经深入人心。

3. 传统商务

电子商务存在的价值是帮助消费者实现网上购物、网上支付，节省客户与企业的时间和空间，大大提高交易效率。在消费者信息多元化的 21 世纪，通过淘宝、京东和华为商城等渠道进行购物，已经成为消费者的习惯。常见的电子商务有 B2B、B2C、C2C 和 O2O 等模式。

如今各行各业都在使用互联网转变营销模式，以降低成本，提高效率，以及提供个性化服务。

1.3.3 阿里巴巴、淘宝网和天猫的横空出世

阿里巴巴于 1999 年在浙江杭州创立，旗下包括淘宝网、天猫、聚划算、全球速卖通、阿里巴巴国际交易市场、1688、阿里妈妈、阿里云、蚂蚁金服和菜鸟网络等业务板块。

2014 年 9 月 19 日，阿里巴巴在纽约证券交易所正式挂牌上市，股票代码为“BABA”。

阿里巴巴瞄准新兴的电子商务市场，以打造“购物平台”为核心领域，经历了市场从“不信任”到“信任”的转变。在此过程中，孙正义的软银集团为阿里巴巴提供了必要的支持。随着中美贸易战的发生，阿里巴巴迅速与软银集团划清界限，表现出了我国民营企业的气节与担当。

阿里巴巴的发展经历了 3 个主要阶段。

第一个阶段：融资起步

1999 年 9 月，阿里巴巴正式成立，其搭建的首个网站是全球批发贸易市场阿里巴巴。同年，阿里巴巴推出专注于国内批发贸易的中国交易市场（现称“1688”）。

1999 年 10 月，阿里巴巴融资 500 万美元。2000 年 1 月，阿里巴巴从软银集团等数家投资机构融资 2000 万美元。2004 年 2 月，阿里巴巴融资 8200 万美元。

2001 年 12 月，阿里巴巴的注册用户超过 100 万个。2002 年 12 月，阿里巴巴首次实现全年正现金流入。

2003 年 5 月，阿里巴巴创立淘宝网。2004 年 7 月，淘宝网发布阿里旺旺。2004 年 12 月，阿里巴巴推出支付宝。

第二个阶段：多元化经营

2005 年 8 月，阿里巴巴收购雅虎中国全部资产，同时获得雅虎 10 亿美元投资。

2007 年 1 月，阿里巴巴在上海成立阿里软件有限公司。11 月，阿里巴巴成立网络广告平台阿里妈妈。

2008 年 4 月，淘宝网推出淘宝商城。9 月，淘宝网和阿里妈妈合并发展，同时成立阿里巴巴研究院。

2009 年 7 月，阿里软件有限公司与阿里研究院正式合并，成立阿里云计算。9 月，阿里巴巴收购互联网基础服务供应商中国万网。

2010 年 3 月，阿里巴巴将其中国交易市场的名称修改为“1688”。同月，淘宝网推出团购网站聚划算。4 月，阿里巴巴推出全球速卖通，使中国出口商直接与全球消费者接触和交易。8 月，阿里巴巴收购服务美国小企业的电子商务解决方案供应商 Vendio 及 Auctiva。同月，阿里巴巴推出手机淘宝客户端。11 月，阿里巴巴宣布收购国内的一站式出口服务供应商一达通。

2011 年 6 月，阿里巴巴宣布将淘宝网分拆为 3 家公司，分别为一淘网、淘宝网和淘宝商城。10 月，聚划算从淘宝网分拆出来，成为独立平台。

2012 年 1 月，淘宝商城正式更名为“天猫”，同时成立阿里巴巴公益基金会并向该基金会拨款。6 月，阿里巴巴网络有限公司（代码为 1688）在香港联交所退市，市场瞩目的阿里巴巴私有化落幕。7 月，原有的子公司制调整为事业群制，把现有子公司的业务调整为淘宝网、一淘网、天猫、聚划算、阿里国际业务、阿里小企业业务和阿里云 7 个事业群。

第三个阶段：瞄准信息技术新领域

2013 年，阿里云与中国万网合并为新的阿里云公司，成立 25 个事业部，由各事业部总裁（总经理）负责。

2014 年，阿里巴巴正式推出天猫国际，关联公司蚂蚁金融服务集团正式成立，收购移动浏览器公司 UC 优视、文化中国传播（现称“阿里巴巴影业集团”），完成对高德的投资，淘宝旅行独立并更名为“去啊”，在纽约证券交易所正式挂牌上市。

2015 年，阿里巴巴战略投资并控股易传媒、魅族科技、魅力惠、圆通、饿了么；收购《南华早报》、优酷土豆集团；成立阿里音乐集团；与蚂蚁金服集团完成重组（蚂蚁金服为支付宝的母公司），合资成立一家本地生活服务平台公司“口碑”；与苏宁云商集团股份有限公司、英国创新借贷机构 Ezbob 及 Iwoca 达成战略合作；美国百货零售巨头梅西百货、零售贸易集团麦德龙官方旗舰店入驻天猫国际；联合 SMG，共同将 SMG 旗下的第一财经传媒有限公司打造成新型数字化财经媒体与信息服务集团。

2016 年，合一集团（优酷土豆）正式成为阿里大家庭中的一员；将旗下的“闲鱼”和“拍卖”业务进行“同类项合并”；正式成立“阿里巴巴大文娱板块”；加入国际反假联盟，成为该国际组织的首个电子商务成员。

2017 年，重庆市政府与阿里巴巴、蚂蚁金服签订战略合作协议，三方将在云计算、大数据、电子商务、物流、新型智慧城市、普惠金融服务等领域加强合作；收购大麦网；与 Auchan Retail S.A.（欧尚零售）、润泰集团达成新零售战略合作；投资中国电动汽车创业公司小鹏汽车。

2018 年，收购蚂蚁金服 33%的股权，收购饿了么、中天微系统有限公司、北京先声互联科技有限公司、巴基斯坦电子商务公司 Daraz，成立平头哥半导体有限公司，与文投控股股份有限公司、万达集团在北京签订战略投资协议，与北京居然之家投资控股集团有限公司达成新零售战略合作。9 月 10 日，马云宣布将不再担任董事长，由 CEO 张勇接任。

2019 年，阿里巴巴收购柏林的 data Artisans 公司，入股中国国际金融股份有限公司、申通快递，派出达摩院、阿里云和蚂蚁金服参加第三届世界智能大会。

阿里巴巴的体系非常强大，涉及互联网的方方面面，旗下自有品牌包括天猫商城、淘宝网、聚划算、闲鱼、1688、阿里妈妈、天猫国际、淘宝全球购、蚂蚁金服（包括支付宝、余额宝和蚂蚁微贷等）、饿了么、优酷、阿里云、菜鸟物流和高德地图等；投资控股包括网商银行、苏宁、五矿电商、魅力惠、Vendio、天弘基金、国泰产险、华泰证券、众安保险、点我吧、生活半径、大润发、联华超市和新华都等。近几年，阿里巴巴广泛的产业布局使其营业收入持续平稳增长，如图 1.34 所示。

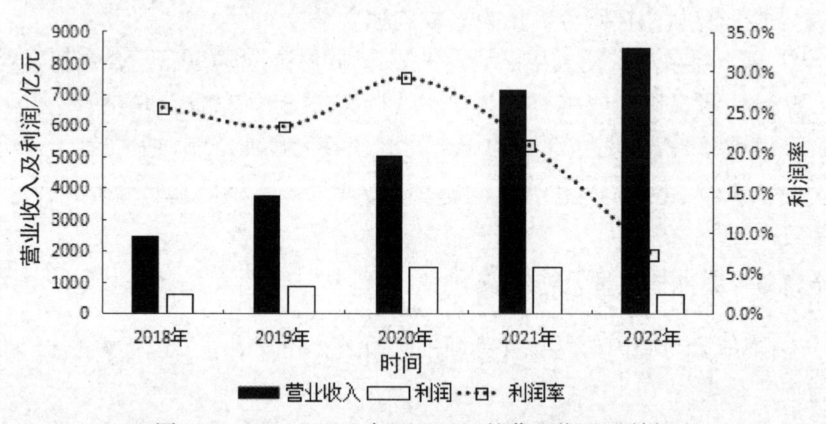

图 1.34　2018—2022 年阿里巴巴的营业收入及利润

值得一提的是，2009 年 11 月 11 日，阿里巴巴第一次举办的“双十一”活动的成交额达到 5200 万元。2015 年，“双十一”活动当天的成交额达到 912.17 亿元，比 2014 年“双十一”活动当天的成交额提升近 60%。2019 年天猫“双十一”活动当天的成交额为 2684 亿元，超过 2018 年的 2135 亿元。2020 年 11 月 12 日零时，阿里巴巴发布的数据显示，2020 年天猫“双十一”全球狂欢季总成交额达到 4982 亿元；2021 年达到 5403 亿元；2022 年未公布数据，据估算略低于 2021 年。2009—2022 年阿里巴巴“双十一”活动的总成交额及其增长率如图 1.35 所示。

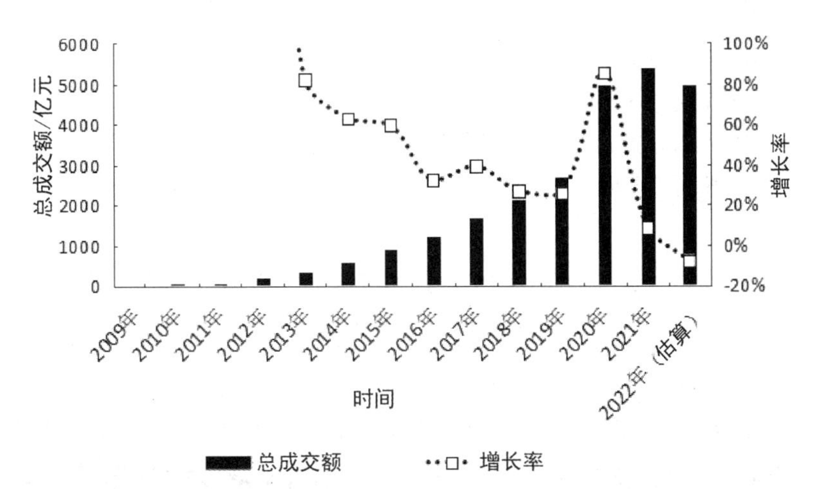

图 1.35 2009—2022 年阿里巴巴“双十一”活动的总成交额及其增长率

1.3.4 亚马逊、Facebook 的跨界经营

亚马逊位于华盛顿州西雅图，是网络上最早开始经营电子商务的公司之一。亚马逊成立于 1995 年，一开始只在网络上开展书籍销售业务，现已经成为全球商品品种最多的网络零售商和全球第二大互联网企业，名下还包括 Alexa Internet、a9、lab126 和互联网电影数据库（Internet Movie DataBase，IMDB）等子公司。

亚马逊为客户提供了数百万种独特的全新、翻新及二手商品，如图书、影视、音乐、游戏、数码下载、计算机、家居园艺用品、玩具、婴幼儿用品、食品、服饰、鞋类、珠宝、健康和个人护理用品、体育及户外用品、玩具、汽车及工业产品等。

2004 年 8 月，亚马逊全资收购卓越网，使其全球领先的网上零售专长与卓越网深厚的中国市场经验相结合，进一步提升客户体验，并促进中国电子商务的成长。

亚马逊的发展经历了 3 个阶段。

第一个阶段：成为“地球上最大的书店”

1994 年夏天，从金融服务公司 D. E. Shaw 辞职的贝佐斯决定创立一家网上书店。贝佐斯认为书籍是常见的商品，标准化程度高，而且美国书籍市场规模大，十分适合创业。

经过大约一年的准备，亚马逊网站于 1995 年 7 月正式上线。为了和线下图书巨头 Barnes&Noble、Borders 竞争，贝佐斯把亚马逊定位成“地球上最大的书店”（Earth' s biggest bookstore）。为了实现此目标，亚马逊采取了大规模扩张策略，以巨额亏损换取营业规模。经过快跑，亚马逊从网站上线到公司上市仅用了不到两年。1997 年 5 月，当 Barnes & Noble 开展线上购物时，亚马逊已经在图书网络零售上建立了巨大优势。

和 Barnes & Noble 经过几次交锋之后，亚马逊最终确立了最大书店的地位。

第二个阶段：成为最大的综合网络零售商

贝佐斯认为，和实体店相比，网络零售的优势在于能为消费者提供更丰富的商品选择，因此扩充网站品类，打造综合电子商务以便形成规模效益成为亚马逊的战略。

1997 年 5 月亚马逊上市，尚未完全在图书网络零售市场中树立绝对优势地位的亚马逊开始布局商品品类扩张。经过前期的积累和市场宣传，1998 年 6 月亚马逊音乐商店正式上线。仅一个季度亚马逊音乐商店的销售额就已经超过了 CDNow，成为最大的网络音乐产品零售商。

第三个阶段：成为“最以客户为中心的企业”

从 2001 年开始，亚马逊除了立志成为最大的网络零售商，还将以客户为中心的服务型企业作为发展方向。

为此，亚马逊从 2001 年开始大规模推广第三方开放平台，2002 年推出网络服务（即 AWS），2005 年推出 Prime 服务，2007 年开始向第三方卖家提供外包物流服务（Fulfillment by Amazon，FBA），2010 年推出 KDP 的前身自助数字出版平台（Digital Text Platform，DTP）。亚马逊逐步推出的这些服务，使其超越网络零售商的范畴，成为一家综合服务提供商。

2008—2022 年亚马逊的营业收入及利润如图 1.36 所示。

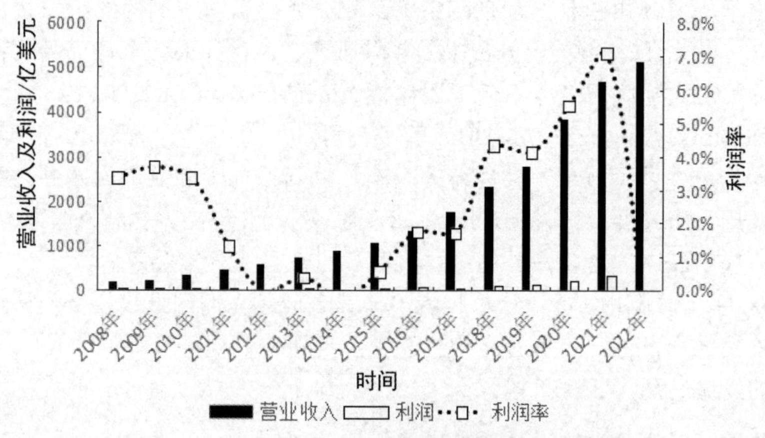

图 1.36　2008—2022 年亚马逊的营业收入及利润

值得一提的是，亚马逊的 AWS 长期以来领跑云服务市场，占据了全球三分之一的市场份额。从营业收入的角度来看，为亚马逊立下汗马功劳的是云服务板块，这个板块未来也将是其重要的动力引擎。财务报告数据显示，2020 年，亚马逊的营业收入为 3860.64 亿美元，同比增长 37.62%，净利润为 213.3 亿美元，AWS 运营利润占总利润的 63%。作为利润核心来源的云服务板块，也推动亚马逊的市值在资本市场屡创新高。截至 2021 年 2 月 5 日，亚马逊的市值高达 1.69 万亿美元，位居全球市值排行榜第三名，仅次于苹果公司和微软公司。

Facebook 是美国的一个社交网络服务网站，由马克•扎克伯格（Mark Zuckerberg）创立于 2004 年 2 月 4 日，总部位于美国加利福尼亚州门洛帕克。2012 年 3 月 6 日，Facebook 发布了 Windows 版桌面聊天软件 Facebook Messenger。

Facebook 是世界排名领先的照片分享站点。从 2006 年 9 月 11 日起，任何用户输入有效的电子邮件地址和自己的年龄段即可注册账户。自 2009 年以来，Facebook 一直被中国屏蔽，但 Facebook 从未间断与中国科技企业界的联系，期望通过投资中国科技企业等方式获得更大的市场份额。

Facebook 的创办人马克 • 扎克伯格是哈佛大学的学生，最初网站的注册仅限于哈佛大学的学生。之后注册迅速扩展到诸多高校。2005 年，很多其他学校也加入进来。因此，在全球范围内有一个大学后缀电子邮箱的人，如.edu、.ac、.uk 等都可以注册。因此，在 Facebook 中用户可以建立高校和公司的社会化网络。

2007 年 7 月的统计数据显示，Facebook 在所有以服务大学生为主要业务的网站中，拥有 3400 万个活跃用户，包括在非大学网络中的用户。从 2006 年 9 月到 2007 年 9 月，该网站在全美网站中的排名由第 60 名上升至第 7 名，并且是美国排名第 1 名的照片分享站点，用户每天上传大约 850 万张照片。2012 年，Facebook 每天处理大约 27 亿次按钮单击和 3 亿张照片，吸收逾 500TB 新数据。2015 年，Facebook 每天处理来自全球的大约 3.5 亿张照片、45 亿个“赞”和 100 亿条消息。

Facebook 在 2018 年《财富》杂志世界 500 强中位列第 274 位，2020 年位列第 144 位。

目前 Facebook 的月活跃用户约为 30 亿个，绝大部分收入来自广告，其中大约 90%来自移动客户端。其广告推送是建立在庞大的数据分析基础上的精准广告投放，支持传统网页式和移动平台，其他收入渠道还包括虚拟货币、第三方应用等。

2020 年 4 月 29 日，Facebook 发布的 2020 财年第一季度财务报告显示：营业收入同比增长 17%，达到 177.37 亿美元；净利润为 49.02 亿美元，同比增长 102%；营业收入主力广告收入为 174.4 亿美元，占比为 98.3%，其他收入为 2.97 亿美元（Oculus VR 设备销售是主力）。2010—2022 年 Facebook 的营业收入及利润如图 1.37 所示。

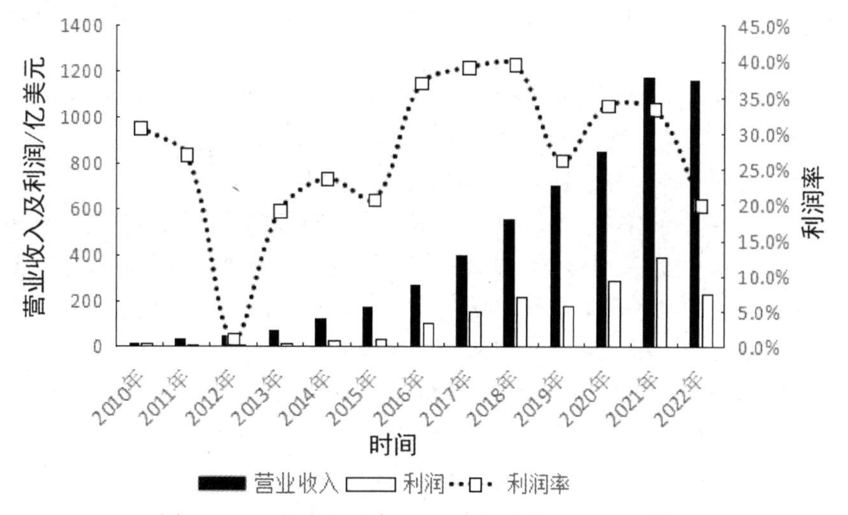

图 1.37　2010—2022 年 Facebook 的营业收入及利润

1.3.5 百度、腾讯的探索

百度是全球最大的中文搜索引擎和中文网站，是全球领先的人工智能公司。“百度”这两个字来自辛弃疾的诗句“众里寻他千百度”（表达了对理想执着追求的信念）。

1999 年年底，身在美国硅谷的李彦宏看到了中国互联网及中文搜索引擎服务的巨大发展潜力，怀抱技术改变世界的梦想，他毅然辞去硅谷的高薪工作，携搜索引擎专利技术，于 2000 年 1 月 1 日在中关村创建了百度。

李彦宏拥有的“超链分析”技术专利，使中国成为全球仅有的 4 个拥有独立搜索引擎核心技术的国家之一（另外 3 个国家为美国、俄罗斯和韩国）。基于对人工智能的多年布局与长期积累，百度在深度学习领域领先于世界，并在 2016 年与微软、谷歌和 Facebook 被《财富》杂志称为“全球人工智能四巨头”。

百度每天可响应来自百余个国家和地区的数十亿次搜索请求，是网民获取中文信息的主要入口。百度以“用科技让复杂的世界更简单”为使命，坚持技术创新，致力于提供更懂用户的产品及服务。百度移动应用月活跃设备超过 11 亿个。

百度以技术为信仰，在技术研发、人才引进等方面坚持长期持续投入。根据中国专利保护协会 2018 年的统计，百度以 2368 件专利申请量成为中国人工智能领域的领头羊。在“夯实移动基础，决胜人工智能时代”的战略指导下，百度移动生态更加繁荣强大，人工智能加速推进产业智能化，人工智能生态不断拓展完善。

得益于人工智能的驱动，百度移动形成了“一超多强”的产品矩阵，并构建起以“百家号”和“智能小程序”为核心的移动生态。作为人工智能生态的重要组成部分，百度已经拥有 Apollo 自动驾驶开放平台和 DuerOS 对话式人工智能操作系统两大开放生态。

百度智能云是面向企业及开发人员的智能云计算服务平台，提出 ABC（AI、Big Data、Cloud Computing）三位一体发展战略，为各行业智能化转型提供解决方案，促进了数字中国的建设。

百度大脑是百度技术多年积累和业务实践的集大成，包括视觉、语音、自然语言处理、知识图谱、深度学习等人工智能核心技术和人工智能开放平台。“爱奇艺”和“度小满”是百度旗下的两大独立业务，分别针对多媒体娱乐和金融行业。

2013 年，百度率先布局人工智能领域，成立全球首家深度学习研究院，代表项目是百度大脑及人工智能助手度秘（Duer）。2014 年，百度开始研究自动驾驶技术，其中三维地图及相关数据服务也被融入车辆导航系统中，为自动驾驶汽车提供技术支撑。百度也是目前国内仅有的真正意义上研究无人驾驶和自动驾驶的科技公司。

2016 年 9 月，百度成立了百度风投（Baidu Venture），专注于对人工智能、增强现实（Augment Reality，AR）和虚拟现实（Virtual Reality，VR）等下一代科技创新项目进行投资。目前，百度风投的管理资金已达到 5 亿美元的规模。

百度还正式发布了 DuerOS 智慧芯片，这是一款承载百度对话式人工智能操作系统的新型芯片，能够赋予设备可对话能力。《钢铁侠》中人机交互的场景或成为现实。

百度已经从大众眼中的搜索引擎公司逐渐转变成科技公司。虽然在转型初期面临巨大挑战，但是在人工智能领域，百度已经越来越成熟。2018 年第一季度财务报告显示，百度扭亏为盈，在人工智能和信息流的双轮驱动下，再一次交出了一份亮眼的成绩单。作为百度人工智能战略的重要支撑之一，百度 DuerOS 正在成为智能语音交互市场的绝对领头羊。

百度旗下的自有产品包括百度图片、百度新闻、百度网盘、百度贴吧、百度阅读、百度百科、百度知道、百度输入法、百度音乐、百度地图、百度视频、百度翻译、好看视频、爱奇艺和有钱花等。由百度投资控股的包括宜人贷、百安保险、百信银行、我买网、货车帮、易到用车、优信二手车、携程网、去哪儿、美味不用等和沪江网等。

李彦宏曾经表示："2020 年，百度以强劲的业绩圆满收官，见证了中国经济的韧性和活力，也成为工业互联网数字化加速发展的受益者。第四季度，百度核心非广告收入同比增长 52%，表明百度在技术创新上的定力已显成效。新的一年里，百度作为领先的人工智能生态型公司，将抓住云服务、智能交通、智能驾驶及其他人工智能领域的巨大市场机遇。同时，百度也将充分发挥自身庞大的互联网用户群优势，提供更多的非广告服务。"

2021 年 2 月 18 日，百度发布了 2020 年财务报告：全年的营业收入为 1071 亿元，净利润为 220 亿元；第四季度的营业收入为 303 亿元，净利润达到 69 亿元。2009—2022 年百度的营业收入及利润如图 1.38 所示。2020 年，百度的核心研发费用占收入的 21.4%，研发投入强度位于中国大型科技互联网公司前列。百度的人工智能开放平台汇聚开发人员达到 265 万人，成为中国领先的软硬一体人工智能大生产平台。未来，百度将继续坚持"夯实移动基础，决胜人工智能时代"战略，不断提升用户体验，推动人工智能应用与落地加速发展，为实现"成为最懂用户，并能帮助人们成长的全球顶级高科技公司"的愿景而不断努力。

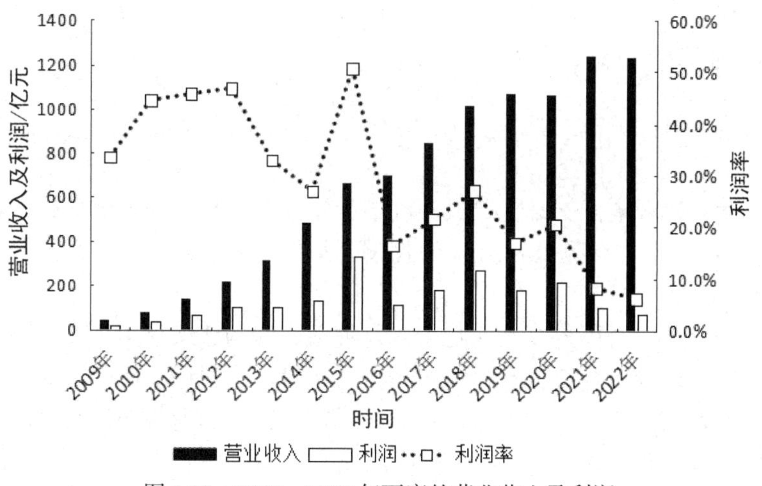

图 1.38　2009—2022 年百度的营业收入及利润

腾讯成立于 1998 年 11 月，由马化腾、张志东、许晨晔、陈一丹和曾李青共同创立。它是中国最大的互联网综合服务提供商之一，也是中国服务用户最多的互联网企业之一。腾讯提供的服务包括社交和通信服务（QQ 及微信）、社交网络平台（QQ 空间）、腾讯游戏（QQ 游戏平台）、门户网站（腾讯网）、腾讯新闻客户端和网络视频服务（腾讯视频）等，逐渐向多元化方向发展。

腾讯的发展大致经历了两个阶段。

第一个阶段：专注即时通信软件

1998 年 11 月 11 日，马化腾和张志东在广东省深圳市正式注册成立深圳市腾讯计算机系统有限公司，之后许晨晔、陈一丹和曾李青相继加入。当时公司的业务是拓展无线网络寻呼系统。

1999 年 2 月，腾讯开通即时通信服务，与无线寻呼、GSM 短消息、IP 电话网互联。由于版权问题，其 0325 版本开始称为“QQ2000”，自此 QQ 就成了它约定俗成的新名字。2002 年 3 月，QQ 的注册用户突破 1 亿个。2003 年 8 月，腾讯推出的“QQ 游戏”引领了互联网娱乐体验。

2003 年 9 月，腾讯推出企业级实时通信产品“腾讯通”（RTX），正式进军企业市场。

2003 年 12 月，腾讯发布 Tencent Messenger（简称腾讯 TM），可以在办公环境中为朋友之间进行即时沟通提供服务。

2004 年 8 月 27 日，腾讯 QQ 游戏的同时在线用户突破 62 万个。2009 年 2 月，QQ 空间的月登录账户突破 2 亿个，继续保持全球最大互联网社交网络社区的地位。2009 年 3 月，手机 QQ 空间同时在线用户突破 200 万个。2010 年 3 月 5 日 19:52:58，QQ 同时在线用户突破 1 亿个，这是人类进入互联网时代以来，全世界首次单一应用同时在线用户突破 1 亿个。

2011 年，腾讯推出为智能手机提供即时通信服务的免费应用程序——微信。

第二个阶段：多元化发展

2011 年 5 月 9 日，腾讯入股华谊兄弟传媒股份有限公司、艺龙网，并成为金山软件第一大股东。

2012 年，腾讯控股电商网站易迅；与动视暴雪建立战略合作伙伴关系；与阿里巴巴、中国平安联手试水互联网金融，合资成立上海陆家嘴金融交易所。5 月 18 日，腾讯宣布进行公司组织架构调整。

2013 年，微信总注册用户突破 3 亿个；与搜狐、搜狗达成战略合作。

2014 年，腾讯向滴滴打车融资，购买华南城新股，向同程网注资，入股大众点评、四维图新、58 同城，战略投资医疗健康网站丁香园，收购韩国游戏公司 CJ Games 股份，与王老吉、京东、加多宝、华谊兄弟、阿里巴巴成为战略合作伙伴，与新东方成立北京微学明日网络科技有限公司，与万达集团、百度共同出资成立万达电子商务公司。4 月 11 日 21:11，腾讯 QQ 最高同时在线用户突破 2 亿个，实现 4 年增长翻倍。5 月 7 日，成立微信事业群（WXG），腾讯业务构架如图 1.39 所示。12 月 12 日，腾讯旗下的民营银行深圳前海微众银行正式获准开业，这是中国首家民营银行。

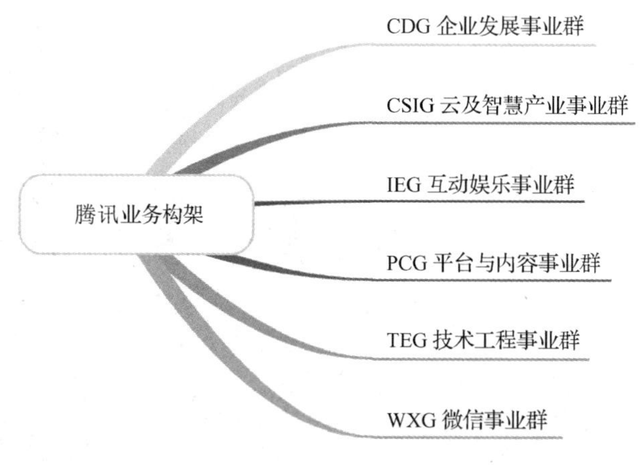

图 1.39　腾讯业务构架

2015 年，腾讯与易车达成战略合作关系，投资 TCL 集团旗下的子公司欢网科技，投资美国移动游戏开发商 Pocket Gems，向国内二手车电商平台人人车进行 C 轮融资，成立企鹅影业、腾讯影业，与美国手机游戏发行商 Glu Mobile 开展合作。6 月，华南地区最大的云计算数据中心基地——中国腾讯云计算数据中心在深汕特别合作区正式启用。9 月，移动支付绑卡账户超过 2 亿个。

2017 年，腾讯与美的集团、PUBG 达成战略合作，成为掌趣科技的股东，入股 Snap 公司，与香港铁路有限公司正式签署合作协议。

2018 年，腾讯与谷歌签署覆盖多项产品和技术的专利交叉授权的许可协议；与家乐福、人民教育出版社、英国国际贸易部达成战略合作协议；入股海澜之家、盛大游戏；与人民网、歌华有线（含其基金）成立视频合资公司，共同发力直播和短视频领域；与大唐电信集团签署了关于 5G 战略合作框架协议；投资哔哩哔哩；与联发科技共同成立创新实验室，探索人工智能在终端侧的应用。

2019 年，视频合资公司获得香港金融管理局颁发的虚拟银行牌照；腾讯视频付费会员突破 1 亿个；腾讯云全年收入超过 170 亿元，付费客户突破百万个。

2021 年，腾讯宣布启动“碳中和”规划，成为中国首批启动“碳中和”规划的互联网企业之一；发布新蓝图，“可持续社会价值创新”成为核心战略，首期投入 500 亿元助力发展。

腾讯涉及的互联网业务主要包括 QQ、微信、应用宝、QQ 浏览器、QQ 音乐、QQ 阅读、QQ 输入法、QQ 邮箱、腾讯新闻、腾讯视频、腾讯地图、腾讯微云、腾讯微博、腾讯游戏、腾讯微视、腾讯微店和全民 K 歌等。由腾讯投资控股的企业包括微众银行、京东、滴滴、58 同城、阅文集团、搜狗、众安在线、趣头条、斗鱼网、海澜之家、万达商业、链家、知乎、快手、蘑菇街、美团、同程旅游、艺龙旅游和西山居等。2016—2021 年，腾讯整体上保持了比较好的增长态势，如图 1.40 所示。

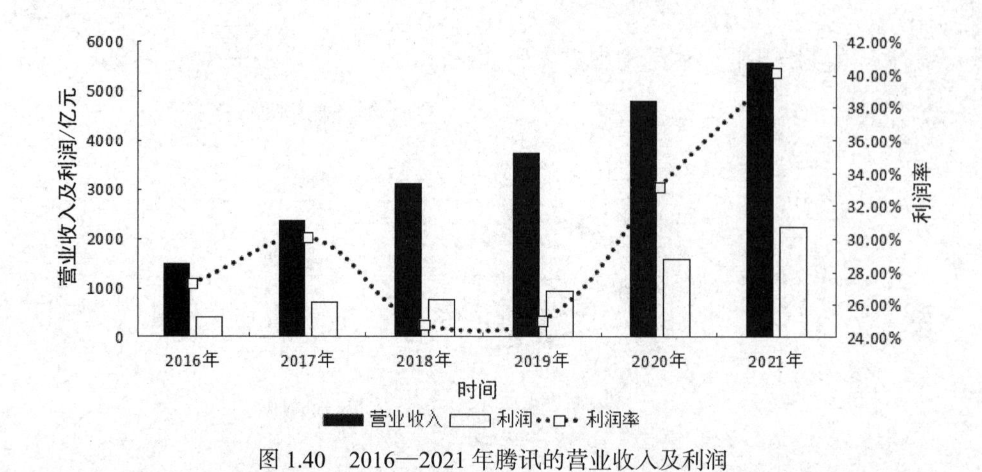

图 1.40　2016—2021 年腾讯的营业收入及利润

任务 4　认识物联网新纪元

任务描述

网络的发展实现了计算机之间的连接，使资源和信息的重要性不断凸显。物联网则将万物互联的思想提升到新的高度，使网络进一步成为人们日常生活的一部分，进而影响人们的思维方式、行为习惯等。

任务分析

从移动互联、云计算和大数据这些技术层面入手，分析行业新动态，推动人工智能等新技术在未来社会生活中的发展，更加凸显了信息技术行业的重要性。下面以华为为缩影，展现中国信息技术行业逆袭的过程和面临的困难。

知识准备

了解华为的奋斗过程和技术路线的调整，能够帮助读者初步认识云计算、物联网等。

互联网将世界上的计算机连接起来组成一张覆盖全球的大网，新技术不断地推动产业升级，工业 4.0 的概念应运而生，工业互联网得到广泛应用。除机器设备外，人们日常生活中的智能家电、智能手机和平板电脑等设备也需要实现互联，从而构建了一个比互联网更宏大的网络，即物联网。

物联网即“万物相连的互联网”，是在互联网基础上进行延伸和扩展的网络，能够将各种信息传感设备与互联网结合起来，以实现在任何时间、任何地点，人、机、物的互联互通。

物联网的概念最早出现于比尔·盖茨撰写的《未来之路》中，该书中已经提及物联网，只是当时受限于无线网络、硬件及传感设备的发展，并未引起人们的重视。

1999 年，麻省理工学院 Auto-ID 实验室的研究人员提出的“物联网”，主要建立在物品编码、射频识别（Radio Frequency Identification，RFID）技术和互联网的基础上。

在我国，物联网被称为传感网。1999 年中国科学院就启动了关于传感网的研究，并取得了一些科研成果。

2005 年 11 月 17 日，在突尼斯举办的信息社会世界峰会上，国际电信联盟发布了《ITU 互联网报告 2005：物联网》，正式提出了物联网的概念。该报告指出，无所不在的物联网通信时代即将来临，世界上所有的物体从轮胎到牙刷、从房屋到纸巾都可以通过互联网主动进行信息交换。RFID 技术、传感器技术、纳米技术、智能嵌入技术将得到更加广泛的应用。

物联网是新一代信息技术的重要组成部分，信息技术行业又叫作泛互联，意指物物相连，万物万联。由此推断，物联网就是物物相连的互联网。物联网包括以下两层意思。

（1）物联网的核心是在互联网的基础上进行延伸和扩展的网络。

（2）物联网的用户端延伸和扩展到了任何物品与物品之间，都可以进行信息交换和通信。

因此，物联网的定义是通过 RFID 技术、红外感应器、全球定位系统（Global Positioning System，GPS）和激光扫描器等信息传感设备，按照约定的协议，将任意物品与互联网相连，进行信息交换和通信，以实现对物品的智能化识别、定位、跟踪、监控和管理。

1.4.1　万物互联开启移动互联新时代

移动互联是移动互联网的简称，是指互联网的技术、平台、商业模式和应用与移动通信技术相结合并实践的活动。其工作原理为用户端通过移动终端对互联网上的信息进行访问，并获取一些所需的信息，人们可以享受一系列信息服务带来的便利。

移动互联网的核心是互联网，因此人们通常认为移动互联网是桌面互联网的补充和延伸。应用和内容仍然是移动互联网的根本。移动互联网具备以下特点。

1. 终端移动性

移动互联网业务使用户可以在移动状态下接入和使用互联网服务，移动终端方便用户随身携带和使用。

2. 业务使用的私密性

在使用移动互联网业务时，人们所使用的内容和服务可以更私密，如手机支付业务等。

3. 终端和网络的局限性

虽然移动互联网业务具有便携性，但是受到了来自网络能力和终端能力的限制。在网络能力方面，移动互联网业务会受到无线网络传输环境、技术能力等因素的限制；在终端能力方面，移动互联网业务会受到终端大小、处理能力和电池容量等因素的限制。无线资源的稀缺性决定了移动互联网必须遵循按流量计费的商业模式。

4．业务与终端、网络的较强关联性

由于移动互联网业务受到网络能力及终端能力的限制，因此其业务内容与形式也需要适合特定的网络技术规格和终端类型。

移动互联网是第三次工业革命的产物。通过了解移动互联网的发展过程可以见证信息化革命的全过程。

第一个阶段：20 世纪 80 年代至 21 世纪初，个人计算机出现并开始普及，信息向着数字化的方向不断发展。

第二个阶段：随着互联网的快速发展，相关信息数据的流动速度得到迅速提高，建立了社交网络。

第三个阶段：移动互联网的各项功能得到完善和增强，并与云计算相结合形成一种巨型的复杂网络系统。

随着移动互联网和智能手机的普及，我国基于物联网应用体系的智能家居已步入产品化发展阶段，并且已经推出移动互联电视、移动安全防卫设备、移动支付系统等服务。

1.4.2 云和大数据的出现

早期的电力系统是每家企业都有自己的发电机，但是企业管理方法烦琐且成本高，于是出现了专业的电力公司。电力公司集中提供电力服务，用户只需要支付比原来少得多的费用即可享受更加优质的电力服务。电力公司就是那个时代的电力“云”。

IBM 推出个人计算机，使计算机走向普及，但实际上计算机的 CPU 大多都在空转，白白浪费大量的算力和资源。如果能够像电力公司一样，将大多数计算机的算力和资源集成到一起，用户就可以按照需求“租用”。“云”正是出于这个目的诞生的，数以万计的 CPU、内存和硬盘等设备按照一定的方式集成到一起，构成“云”。世界各地的用户通过网络连接到“云”端即可按照权限使用资源，用户端只需要配置极少的资源即可。

国际统计报告显示，WhatsApp Messenger 每天大约有 100 万个新注册用户和 5 亿个活跃用户。这些用户每天大约会发送 300 亿条消息，接收 340 亿条消息。Twitter 的统计数据显示，每天有 3.5 亿条推文和超过 5 亿个账户在线。这些数据每时每刻都在快速增长，2020 年的数据比 2009 年高出 44 倍以上。

这些数据本质上是非结构化的，这意味着它们具有不同的格式。这些庞大的数据通常被称为大数据。深入研究这些数据的模式称为大数据分析。许多研究人员和科学家正在使用各种技术和工具进行大数据分析，通过多种方式研究和开发人们需要的实时数据。

1.4.3 人工智能的崛起

人工智能是研究与开发用于模拟、延伸和扩展人类智能的理论、方法、技术及应用系统的一门新的技术学科。

人工智能是计算机学科的一个分支。它企图了解智能的实质，并研制出一种新的能以与人类智能相似的方式做出反应的智能机器，该领域的研究包括机器人、语言识别、图像识别、自然语言处理和专家系统等。人工智能自诞生以来，其理论和技术日益成熟，应用领域也不断扩大，可以设想，未来人工智能带来的科技产品将是人类智慧的“容器”。人工智能可以对人的意识、思维的信息过程进行模拟。它不是人类智能，但是能够像人类一样思考，也可能会超过人类智能。

人工智能是一门极富挑战性的学科，从事这项工作的人必须具备计算机、心理学和哲学方面的知识。人工智能由不同的领域组成，如机器学习、计算机视觉等。总之，人工智能研究的主要目标之一是使机器能够胜任一些通常需要人类智能才能完成的复杂工作。

人工智能已实际应用到机器视觉、指纹识别、人脸识别、视网膜识别、虹膜识别、掌纹识别、专家系统、自动规划、智能搜索、定理证明、博弈、自动程序设计、智能控制、机器人学、语言和图像理解、遗传编程等领域。

人工智能的定义分为“人工”和“智能”两部分。

“智能”涉及意识、自我和思维（包括无意识的思维）等问题。

美国斯坦福大学人工智能研究中心的尼尔逊教授对人工智能给出了这样一个定义：人工智能是关于知识的学科——怎样表示知识及怎样获得知识并使用知识的学科。

美国麻省理工学院的温斯顿教授认为，人工智能是研究如何使计算机去做过去只有人才能做的智能工作。

这些说法反映了人工智能学科的基本思想和基本内容，即人工智能研究的是人类智能活动的规律，从而构造出具有一定智能的人工系统，使计算机能够完成以往只有人类才能胜任的工作，也就是研究如何应用计算机的软硬件来模拟人类某些智能行为的基本理论、方法和技术。

20 世纪 70 年代以来，人工智能被称为世界三大尖端技术（空间技术、能源技术、人工智能）之一，也被认为是 21 世纪三大尖端技术（基因工程、纳米科学、人工智能）之一。人工智能在很多学科领域都获得了广泛应用，并逐步成为一个独立的分支，无论是在理论方面还是实践方面都已经自成体系。

1956 年夏季，以麦卡赛、明斯基、罗切斯特和申农等为首的一批年轻科学家共同研究与探讨了用机器模拟智能的一系列有关问题，并首次提出了“人工智能”的概念，这标志着“人工智能”这门新兴学科的正式诞生。

1997 年 5 月 11 日，IBM 的“深蓝”（Deep Blue）计算机击败了世界国际象棋冠军卡斯帕罗夫，这是人工智能技术的一个完美表现。图 1.41 所示为“深蓝”击败卡斯帕罗夫的场景。

图 1.41 “深蓝”击败卡斯帕罗夫的场景

AlphaGo 是第一个击败人类职业围棋选手、第一个战胜围棋世界冠军的人工智能机器人，是由谷歌旗下 DeepMind 公司戴密斯·哈萨比斯领衔的团队开发的。AlphaGo 的主要工作原理是“深度学习”。

2016 年 3 月，AlphaGo 与围棋世界冠军、职业九段棋手李世石进行围棋人机大战，以 4∶1 的总比分获胜。随后该程序在中国棋类网站上以“大师”（Master）为注册账号与中国、日本和韩国的数十位围棋高手进行快棋对决，连续 60 局无一败绩。2017 年 5 月，在中国乌镇围棋峰会上，它与围棋世界冠军柯洁对战，以 3∶0 的总比分获胜。围棋界公认 AlphaGo 的棋力已经超过人类职业围棋顶尖水平，在 GoRatings 网站公布的世界职业围棋排名中，其等级分曾经超过柯洁。

2017 年 5 月 27 日，在柯洁与 AlphaGo 的人机大战之后，DeepMind 团队宣布不再参加围棋比赛。2017 年 10 月 18 日，DeepMind 团队公布了最强版 AlphaGo，代号为 AlphaGo Zero。

虽然人工智能已经达到了新的高度，并不断地刷新着我们的认知，但其始终是计算机科学的前沿学科，计算机编程语言和其他计算机软件都因为有了人工智能的进展而得以存在。

1.4.4 华为的突破

华为是一家生产和销售通信设备的民营通信科技公司，于 1987 年正式注册成立，是全球领先的信息与通信技术解决方案供应商，专注于信息与通信技术领域，坚持稳健经营、持续创新、开放合作，在电信运营商、企业、终端、云计算、人工智能等领域构筑了端到端的解决方案，为运营商客户、企业客户和消费者提供有竞争力的信息与通信技术解决方案、产品及服务，并致力于实现未来信息社会，构建更美好的全连接世界。

《华为基本法》从 1995 年的萌芽到 1998 年 3 月审议通过，历时数年。它有 6 章，包括 103 条，共 17 000 多字。《华为基本法》是根据任正非的思维成果，用统一的语言进行的一次集中梳理，是中国企业第一次完整且系统地对其价值观进行总结，对中国的企业文化建设起到了较大的推动作用。

《华为基本法》总结了华为成功的管理经验，确定了华为二次创业的观念、战略、方针和基本政策，构筑了华为未来发展的宏伟架构。以《华为基本法》为里程碑，华为吸收了包括 IBM 等的管理工具，形成了均衡管理的思想，完成了华为的蜕变，成为中国最优秀的国际化企业之一。《华为基本法》被正式定位为“管理大纲”，一直指导着华为不断地走向未来。

2018 年 2 月，沃达丰和华为完成首次 5G 通话测试。2019 年 8 月 9 日，华为正式发布“鸿蒙”操作系统，成为公司发展的新里程碑。

华为的发展大致经历了 6 个阶段。

第一个阶段：立足电信

1987 年，华为创立于广东省深圳市，成为一家生产用户交换机（PBX）的香港公司的销售代理，稍后自主开发 PBX 并进行商用。之后华为开始研发并推出农村数字交换解决方案，并于 1994 年推出 C&C08 数字程控交换机，如图 1.42 所示。

图 1.42　C&C08 数字程控交换机

1995 年，华为的销售额达 15 亿元（主要来自中国农村市场），同年成立知识产权部、北京研发中心。1996 年，华为推出综合业务接入网和光网络 SDH 设备；与香港和记黄埔签订合同，为其提供固定网络解决方案；成立上海研发中心。

第二个阶段：试水香港

1996 年，华为与长江实业旗下的和记电讯合作，将 C&C08 数字程控交换机打入香港市话网，提供以窄带交换机为核心的“商业网”产品，使华为的数字程控交换机进军国际电信市场迈出了第一步。

华为抓住中俄达成的战略协作伙伴关系变化中隐藏的商机，加快与俄罗斯的合作。1996—1999 年，华为在莫斯科与西伯利亚首府诺沃西比尔斯克之间铺设了 3000 多千米的光纤电缆。

第三个阶段：进军欧美

1998 年，华为开始把触角探向世界的核心市场：欧美。虽然第一个订单合同金额只有 38 美元，但是 2001 年华为与俄罗斯的电信部门签订了上千万美元的 GSM 设备供应合同。

2002 年年底，华为取得 3797 千米的超长距离国家光传输干线的订单。2003 年，华为在独联体国家的销售额超过 3 亿美元，位居独联体市场国际大型设备供应商的前列。

欧洲市场已然成为华为业务开展的重地，其多项创新业务首单落地欧洲，如第一个分布式基站，第一个 2G、3G 合并基站商用地点设在德国。同时，华为的全球能力中心、财务中心及风险控制中心都设在欧洲。从销售收入贡献来看，欧洲日渐变得举足轻重。

华为加强了在美国的布局。2001 年，华为在美国设立了 4 个研发中心，并加入国际电信联盟。

第四个阶段：征战亚洲和非洲

1999 年，华为在印度班加罗尔设立研发中心。以“亚洲金融风暴”为契机，凭借比竞争对手低 30%的价格优势，华为先后拿下了越南、老挝、柬埔寨和泰国的 GSM 市场。随后，华为又以同样的手段把优势逐渐扩大到中东地区和非洲市场。2002 年，华为通过了 UL 的 TL9000 质量管理体系认证，并为中国移动部署了世界上第一个移动模式。

2002 年，华为海外市场销售额达到 5.52 亿美元，同比增长 68%。

第五个阶段：改造华为

1996 年，华为大规模建设人力资源体系。从 1997 年起，IBM、Towers Perrin、The Hay Group、PricewaterhouseCoopers（PwC）和 Fraunhofer-Gesellschaft（FhG）成为华为在流程变革、员工股权计划、人力资源管理、财务管理与质量控制方面的顾问。

1998 年，《华为基本法》正式实施，这是中国第一部总结企业战略、价值观和经营管理原则的“企业宪法”和制度体系。

华为锁定 IBM 为自己通向世界级企业道路上的学习榜样和战略合作伙伴。华为首先确定业务模式由电信设备制造商向电信整体解决方案提供商和服务商转型，以便充分发挥华为产品线齐全的整体优势。这样也可以借鉴 IBM 自 1993 年以来业务模式转型过程中的知识和经验。

1998—2003 年，大约有 50 位 IBM 管理咨询顾问进驻华为，华为为此投入约 5000 万美元改造内部管理与业务流程。2000 年，华为引入 IBM 集成供应链管理，对公司的组织结构进行了调整，成立了统一的供应链管理部（包括生产制造、采购、客户服务和全球物流）。

第六个阶段：全球合资

2003 年，华为与 3Com 合作成立合资公司，专注于企业数据网络解决方案的研究。2004 年，华为与西门子成立合资企业，针对中国市场开发 TD-SCDMA 移动通信技术；获得荷兰运营商 Telfort 价值超过 2500 万美元的合同，首次实现在欧洲的重大突破。在东欧、南欧相继打开市场后，华为开始挺进西欧、北美，并把欧洲地区的中心设在巴黎。

2005 年，华为海外合同销售额首次超过国内合同销售额；与沃达丰签署《全球框架协议》，正式成为沃达丰优选通信设备供应商；赢得了为泰国 CAT 建设全国性 CDMA2000 的 3G 网络的项目；成为澳大利亚运营商 Optus 的 DSL（Digital Subscriber Line，数字用户线路）合作商，提供支持高速数据、语音（包括 IP 语音业务）、视频广播和商业服务的 DSL 接入设备；获得了在中国生产和销售手机的许可。

2006 年，华为与摩托罗拉合作在上海成立联合研发中心，开发 UMTS 技术。同年，华为移动软交换用户突破 1 亿个，出货量居全球第一位。

2007 年，华为与赛门铁克合作成立合资公司，开发存储和安全产品与解决方案；与 Global Marine 合作成立合资公司，提供海缆端到端的网络解决方案。

2009 年，华为和爱立信在欧洲建设 LTE 移动宽带，成功交付全球首个 LTE/EPC 商用网络，并率先发布从路由器到传输系统的端到端 100GB 解决方案。

2010 年，超越诺基亚、西门子和阿尔卡特朗讯，华为成为全球仅次于爱立信的第二大通信设备制造商。9 月，华为 C8500 成为中国电信首批推出的天翼千元 3G 智能手机。

2011 年，华为建设了 20 个云计算数据中心，云计算投入了大约 1 万人；推出华为荣耀手机；与英国最大的移动运营商 Everything Everywhere（简称 EE）签订合同（这是华为在英国获得的首个大规模无线网络合同），全面升级 GSM 2G 网络。

2012 年，华为持续推进全球本地化经营，加强了在欧洲的投资，重点加大了对英国的投资；在芬兰新建研发中心，并在法国和英国成立了本地董事会和咨询委员会；发布了第一款搭载自研的四核移动 CPU K3V2 的手机“Ascend D quad”，该处理器由华为旗下的子公司海思自主设计。

2013 年，全球财务风险控制中心在伦敦成立，监管华为全球财务运营风险，确保财经业务规范、高效、低风险地运行；欧洲物流中心在匈牙利正式投入运营，辐射欧洲、中亚、中东和非洲。

作为欧盟 5G 项目主要的推动者、英国 5G 创新中心的发起者，华为发布了 5G 白皮书，积极构建 5G 全球生态圈，并与全球 20 多所大学开展紧密的联合研究。华为对构建无线未来技术发展、行业标准和产业链积极贡献力量。

2014 年，华为在全球 9 个国家建立了 5G 创新研究中心；承建了全球 186 个核心路由器商用网络；为全球客户建设了 480 多个数据中心，其中有 160 多个云数据中心。华为加入了 177 个标准组织和开源组织，在其中担任 183 个重要职位。

2015 年，世界知识产权组织公布的数据显示，华为以 3898 件专利连续第二年位居榜首。同年，华为发布了全球首个基于 SDN 架构的敏捷物联解决方案；发布了全球首款 32 路 x86 开放架构小型机昆仑服务器；在印度开设了新研发园区。

2017 年，华为明确了公有云战略，调整组织架构，云业务部门 Cloud BU 升级为一级部门；与百度共同宣布达成全面战略合作。

2018 年，华为发布新的愿景与使命：构建万物互联的智能世界；推出自动驾驶的移动数据中心，与百度在 5G MEC 领域达成战略合作；发布智能计算战略。

截至 2019 年 6 月，华为已经在全球 30 个国家获得了 46 个 5G 商用合同，5G 基站发货量超过 10 万个。2019 年 8 月，华为正式发布“鸿蒙”操作系统。

2020 年，面对国际形势的剧烈变化，华为面临芯片不足的危机，甚至出售了旗下的荣耀业务资产。更加丰富的产品、服务线可能是华为“活下去”的希望。

2021 年，面临困难，迎难而上，华为轮值董事长胡厚崑表示：“这一年，我们不畏艰难，依然坚持以创新的 ICT 技术持续为客户创造价值，助力全球科技抗疫、经济发展和社会进步，改善经营质量，全年经营业绩基本达到预期。”

2022 年，在发布“鸿蒙”操作系统之后，华为又发布了“欧拉”开源操作系统，并入选 2022 年世界互联网领先科技成果名单。

2017—2019 年，华为的营业收入的年均复合增长率达到 19.15%；2020 年之后，华为的营业收入的增速放缓。2009—2021 年华为的营业收入及利润如图 1.43 所示。

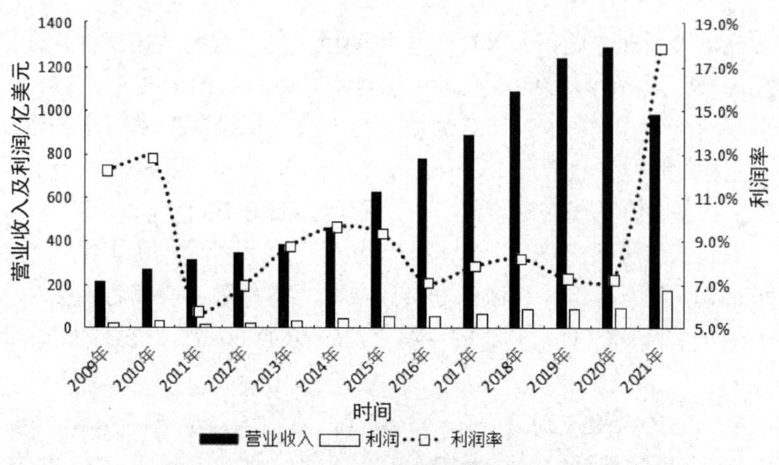

图 1.43　2009—2021 年华为的营业收入及利润

华为是一家具有前瞻性战略眼光的民营高科技企业，其创始人任正非堪称公司的灵魂人物。凭借任正非的远见卓识，华为在多年前就已经布局了 5G 研究、芯片设计和操作系统等关键技术，这充分体现了我国劳动人民的智慧和力量。

任正非在 2019 年 10 月 15 日接受北欧媒体采访时说，为什么华为能比别人成功一点儿？美国的钱都到华尔街去了，欧洲的钱都分给大家喝咖啡了，华为把所有的钱都用来对未来投资，且投资量是巨大的。现在华为每年的科研经费基本上是 150～200 亿美元，大概有八九万名研发人员不顾一切全力以赴，在这一点上突破。任正非还透露，华为有 15 000 多名科学家、专家和高级工程人员去理解科学家的东西，把金钱变成知识；有六七万名工程师把知识变成商品，再把钱赚回来。

2012—2022 年，华为累计投入的科研经费超过 8450 亿元，且呈现逐年上升的态势。2008—2022 年华为的科研投入、营业收入及净利润如图 1.44 所示。

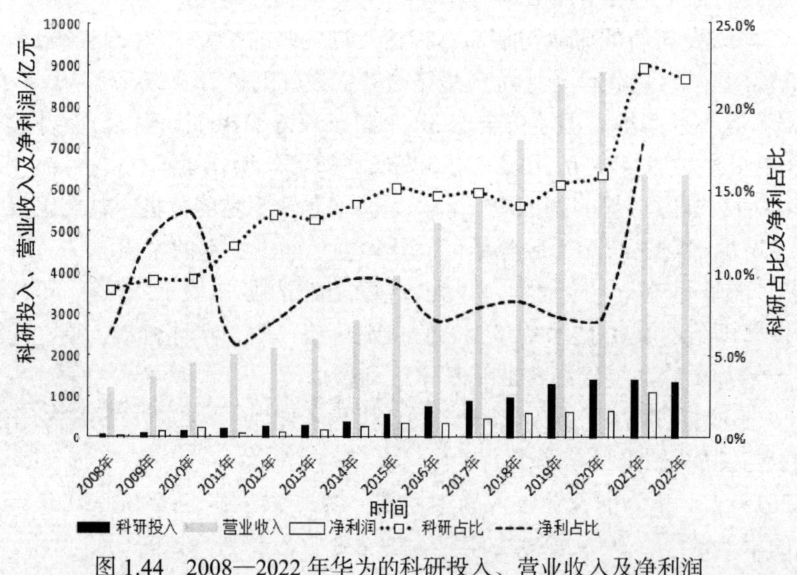

图 1.44　2008—2022 年华为的科研投入、营业收入及净利润

我们不仅要学习华为的技术，还要学习华为不服输、有谋略、敢作为的精神。

内容考核

思考题

1．人工智能、大数据、物联网、区块链等新技术的兴起对哪些传统行业形成了冲击？会导致行业、岗位消失吗？会造成大量人员失业吗？我们应该如何应对？

2．登录 www.ibm.com 了解 IMB 主导的技术和目前的主营业务。

3．整理苹果公司曾经推出的数码产品系列，挑选出你认为设计最佳的产品，并分析该产品的成功点。

4．什么是“摩尔定律”？英特尔公司的 CPU 是否满足该定律？

5．查询微软公司的拳头产品有哪些？未来公司的发展方向如何？

6．联想集团未来的发展方向会是怎样的？

7．整理类似“终结‘统一’方便面的不是‘老坛酸菜牛肉面’，而是‘饿了么’和‘美团’等”的“跨界打击”的例子。

8．分析阿里巴巴的整体战略是如何与国际大背景保持互融互通的。

9．分析亚马逊是如何引领“云”时代的。

10．分析腾讯的主要盈利点在哪里。

11．移动互联设备的主要操作系统有哪些？

12．根据期末各科成绩的总评如何评价不同班级的学习情况？

13．有 19 个外观一致的小球，其中有一个小球略轻，如何用没有砝码的天平快速找出这个小球？

14．华为在困境中是如何破局的？目前中国芯片和操作系统的进展如何？

第2章 云计算与大数据的兴起

内容介绍

如何对零散的数据进行有效分析，并从中得到有价值的信息一直是大数据领域研究的热点问题。大数据分析系统整合了当前主流的各种具有不同侧重点的大数据处理分析框架和工具，用来实现对数据的挖掘和分析。由于大数据分析系统涉及的组件众多，如何将其有机地结合起来，完成海量数据的挖掘是一项复杂的工作，需要先明确业务需求场景及用户需求，即想要通过大数据分析系统得到哪些有价值的信息，需要接入的数据有哪些，再明确基于具体的场景业务需求的大数据平台需要具备的基本功能。本章将基于了解大数据时代、大数据分析系统所需工具和框架的选择、云计算的未来3个任务，帮助读者全面认识开发某银行数据查询系统及云存储系统所需的工具和框架。

任务安排

任务1　了解大数据时代

任务2　大数据分析系统所需工具和框架的选择

任务3　云计算的未来

学习目标

- ✧ 了解大数据产生的背景。
- ✧ 熟悉大数据的特征。
- ✧ 掌握大数据的精髓。
- ✧ 掌握学习大数据分析系统所需的工具和框架。
- ✧ 掌握与云计算相关的技术和未来的发展趋势。

任务 1　了解大数据时代

任务描述

小郑毕业后入职了一家大型银行的技术研发部，该部门主要负责银行的数据处理、数据挖掘、数据分析等系统开发和维护工作。由于小郑在学校学习的是软件开发专业，因此除了认真做好本职工作，他还为自己制订了学习计划，即系统地学习大数据知识，为胜任今后的工作打下基础。通过学习本任务，读者可以快速了解大数据的精髓和特征等。

任务分析

小郑之前只是在生活环境中初步接触过大数据系统，还需要从大数据的诞生背景、发展历程开始，逐步了解大数据的精髓和特征等。

知识准备

对大数据系统的数据处理、数据挖掘及数据分析有初步的认识和了解。

2.1.1　大数据时代概述

在未来，我们的每个举动都会被记录，并变成数据被存储起来，海量数据组合成一个人的信息库。通过这个信息库，我们的一言一行、思想都会变得可以预测。

最早提出大数据概念的是咨询公司麦肯锡。

麦肯锡称："数据已经渗透到当今每个行业和业务职能领域，成为重要的生产因素。人们对海量数据的挖掘和运用，预示着新一波生产力增长和消费者盈余浪潮的到来。"

大数据在物理学、生物学和环境生态学等领域，以及军事、金融和通信等行业的发展引起了人们的关注。大数据是云计算、物联网之后信息技术行业又一次颠覆性的技术革命。云计算主要为数据资产提供了保管、访问的场所和渠道，而数据才是真正有价值的资产。企业内部的经营信息、互联网世界中的商品物流信息、互联网世界中的人与人的交互信息和位置信息等，其数量将远远超越现有企业信息技术架构和基础设施的承载能力，实时性要求也将大大超越现有的计算能力。如何盘活这些数据资产，使其为国家治理、企业决策乃至个人生活服务，是大数据的核心议题，也是云计算内在的灵魂和必然的发展方向。

2.1.2　大数据产生的背景

进入 2012 年，大数据的概念逐渐普及，人们用它来描述和定义信息爆炸时代产生的海量数据。随着时间的推移，越来越多的人意识到了数据的重要性。正如《纽约时报》在

2012 年 2 月的一篇专栏中所称，大数据时代已经来临，并且在商业、经济及其他领域中，人们已经习惯基于数据和分析做出决策，而并非基于经验和直觉。

哈佛大学社会学教授加里·金说：“这是一场革命，庞大的数据资源使各个领域开始了量化进程，无论是学术界、商界还是政府，所有领域都将开始这种进程。”

随着物联网、社交网络、云计算等不断地融入人们的生活，以及计算能力、存储空间、网络带宽的高速发展，相关数据在互联网、通信、金融、商业和医疗等诸多领域正在不断地增长和累积。

互联网搜索引擎支持的数十亿次 Web 搜索每天可处理数万太字节的数据。全世界通信网的主干网每天会传输数万太字节的数据。现代医疗行业中的医院、药店等每天都在产生庞大的数据，如医疗记录、病人资料、医疗图像等。随着数据量级的不断升级、应用的不断深入，大数据的价值日渐凸显，需要不断探索如何从这些数据中获利。

大数据是对国家宏观调控、商业战略决策、服务业务和管理方式，以及每个人的生活都具有重大影响的一次数据技术革命。大数据的应用与推广引发了又一次工业革命。

随着信息技术的高速发展，数据库容量的不断扩张，互联网作为信息传播和再生的平台，“信息泛滥”“数据爆炸”等现象屡见不鲜，信息冗余、信息真假、信息安全、信息处理、信息统一等问题层出不穷。人们不仅希望能够从大数据中提取出有价值的信息，还希望发现能够有效支持决策的基本规律。

在现实情况下，人们意识到有效地解决海量数据的利用问题非常重要。面向大数据的数据挖掘有两个重要的要求：一是实时性，海量的数据规模需要实时分析并迅速反馈结果；二是准确性，需要先从海量的数据中精准地提取出用户需要的有价值信息，再将挖掘所得到的信息转化成有组织的知识并以模型等方式表示出来，从而将分析模型应用到现实生活中，用于提高生产效率和优化商业方案等。

2.1.3 大数据的精髓

大数据为我们带来了以下 3 个颠覆性的观念。

1. 不是随机样本，而是全体数据

在大数据时代，我们可以分析更多的数据，甚至可以处理与某个特别现象相关的所有数据，而不再依赖随机采样。

2. 不是精确性，而是混杂性

由于拥有的是大量数据，因此我们只需要掌握事物的发展方向，适当忽略微观层面的精确度，就能够在宏观层面拥有更好的洞察力。

3. 不是因果关系，而是相关关系

在大数据时代，我们无须专注于事物之间的因果关系，而应该寻找事物之间的相关关

系。相关关系也许不能准确地告诉我们某件事情为何会发生，但是它会提醒我们这件事情正在发生。

2.1.4　大数据的特征

大数据的特征包括 Volume（大量）、Variety（多样）、Velocity（高速）和 Value（价值），即 4V，如图 2.1 所示。

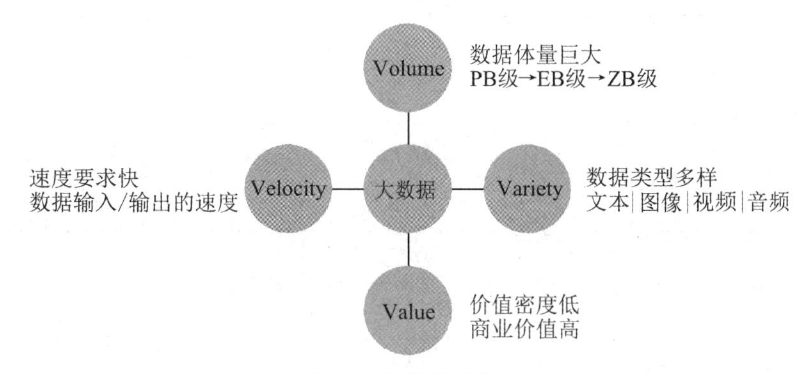

图 2.1　大数据的特征

1. Volume

大数据的特征首先表现为“大”。常见的数据存储单位级别如表 2.1 所示。随着信息技术的高速发展，数据开始呈爆发式增长。社交网络（如微博、Twitter、Facebook）、各种智能设备和应用软件等，都成为数据的来源，因此迫切需要智能的算法、强大的数据处理平台和新的数据处理技术来统计、分析、预测及实时处理数据。

表 2.1　常见的数据存储单位级别

数据存储单位级别	汉字表述	英文缩写	英文表述
10^{24}	尧（它）	Y	Yotta
10^{21}	泽（它）	Z	Zetta
10^{18}	艾（可萨）	E	Exa
10^{15}	拍（它）	P	Peta
10^{12}	太（拉）	T	Tera
10^{9}	吉（咖）	G	Giga
10^{6}	兆	M	Mega
10^{3}	千	k	kilo
10^{2}	百	h	hecta

续表

数据存储单位级别	汉字表述	英文缩写	英文表述
10^{1}	十	da	deca
10^{-1}	分	d	deci
10^{-2}	厘	c	centi
10^{-3}	毫	m	milli
10^{-6}	微	μ	micro
10^{-9}	纳（诺）	n	nano
10^{-12}	皮（可）	p	pico
10^{-15}	飞（母托）	f	femto
10^{-18}	阿（托）	a	atto
10^{-21}	仄（普托）	z	zepto
10^{-24}	幺（科托）	y	yocto

2. Variety

广泛的数据来源决定了大数据形式的多样性。任何形式的数据都可以发挥作用，目前应用最广泛的是推荐系统，如淘宝、网易云音乐、京东购物等平台通过对用户的日志数据进行分析来推荐用户喜欢的商品。日志数据是指结构化明显的数据。还有一些结构化不明显的数据，如图片、音频、视频等，由于这些数据的因果关系弱，因此需要对其进行人工标注。

3. Velocity

大数据主要通过互联网进行传输。每天都会产生海量的数据，因此大数据对处理速度有非常严格的要求，服务器中的资源主要用于处理和计算数据，力求实现实时分析。

4. Value

Value 是大数据的核心特征。大数据的价值在于从大量看似不相关的各种类型的数据中挖掘出对未来趋势与模式预测分析有价值的数据，并通过机器学习、人工智能或数据挖掘进行深度分析，发现新规律和新知识，并用于农业、金融和医疗等各个领域，最终达到改善社会治理、提高生产效率和推进科学研究的目的。

2.1.5 大数据的行业应用

大数据在工业领域的应用不断深入，其中，驱动网络化协同、个性化定制和智能化生产等新业态及新模式正在快速发展。电信、互联网、金融等重点领域中的优秀大数据产品和解决方案加速涌现，精准营销、智能推介等应用日益成熟。实时监测、资源调配、行程跟踪等大数据创新应用场景快速兴起迭代，尤其在社会治理中发挥了突出作用。

1. 大数据全面助力社会治理

大数据在交通规划、自动驾驶、公共卫生、建筑规划等社会治理相关领域发挥的作用越来越显著。在社会治理方面，需要对海量数据进行整理、分析，这就需要考虑成百上千个影响因素，仅凭借人力已经无法完成科学决策，而使用大数据技术则能全面助力社会治理。

（1）为了有效缓解交通出行压力，提升老百姓的满意度，在大数据技术广泛融入和普及的背景下可以采用智能交通规划模式。在这种模式下，采集到的海量交通数据经由大数据分析，可以得到多种出行路线，并且可以根据实时交通数据进行调整。

（2）自动驾驶已经逐渐走进人们的日常生活，车辆上的众多传感器也会产生海量数据，这些数据需要经过大数据分析，在确保安全的前提下完成路线规划、动力分配、自动驾驶等。

（3）大数据和人工智能可以应用在病情诊断、医学研究、医疗辅助等医护工作的相关场景中。

（4）应用大数据技术可以为复杂的城市规划、园区规划等提供优秀的解决方案。

2. 需求推动通信大数据价值得到进一步发挥

通信大数据作为大数据产业的重要组成部分，一直备受各方关注。我国通信大数据发展迅速，应用市场需求不断增长，正处于快速发展期。大数据、云计算、数据中心等新兴固定业务增长成为电信业务收入增长的第一推动力。相比其他行业，通信大数据具有全面、动态、实时的特点，形成了独特的优势。

（1）通信数据规模巨大，运营商每天可以收集 PB 量级的数据。

（2）高速的网络带宽、全面的网络覆盖和高效的网络运营维护为通信大数据的应用提供了可靠保障。目前，通信与其他行业之间的数据融合成为通信大数据应用的热点方向，公共安全、民生服务、旅游开发、商业推广等众多领域均已有了代表性的实践案例。在通信大数据的应用中，保护个人信息始终是重要前提。

随着 5G 的全面商用、物联网等相关技术的深化拓展和多样化智能终端的逐渐普及，可以预期，通信大数据将有更为广阔的应用空间。

3. 工业大数据迎来重大发展机遇

工业对大数据的认知和实践在近几年快速积累，并且其技术基础设施和能力不断完善，所以工业大数据的关注焦点从建设工业大数据平台逐步转向数据应用解决方案。大数据在工业行业的应用场景从最初的生产监控到降本增效逐步转向支撑服务化转型。

我国工业大数据呈现如下发展趋势。

（1）随着工业信息化基础的增强，越来越多的工业企业开始具备数据的积累和掌控能力，如能源电力、轨道交通、装备制造、航空航天等。工业大数据分析开始大量应用到生产环节中，如设备健康管理、生产管理优化、生产监控分析、全流程系统性优化、质量管理等。通过大数据赋能企业的生产，不仅可以保障生产安全，降低生产成本，还可以提升生产效率和产品质量。

（2）随着工业互联网基础设施的建设，5G、物联网、边缘计算、区块链等技术将逐步融入工业领域的升级转型，高质量地支撑工业大数据采集、汇聚、流通、分析和应用的价值闭环，使工业大数据的数据获取量更大，数据存储管理更便捷，数据分析产出更智能，以此助力更高效的产品工艺研发，带动服务模式创新，实现数据价值的最大化。

4. 互联网大数据助推商业模式的创新拓展

互联网行业拥有得天独厚的数据优势。一方面，随着移动信息技术的不断进步，越来越多种类各异的互联网应用迅速落地，使互联网行业自身可产生大规模、多维度、高价值的数据资源；另一方面，互联网为传输数据而生，在“互联网+”的新经济形态下，各行业产生的数据资源大都需要借助互联网进行流通、共享与交互，互联网因此汇聚了大规模的数据，并极大地促进了数据要素的价值传导。作为大数据应用落地成型最早的行业，互联网企业深耕于如何将大数据资源转化为商业价值，在大数据的助推下进行商业模式的创新及业务的延伸，提升用户体验，进行精细化运营，提高网络营销效率。以精准营销为典型代表的互联网大数据应用正有力推动企业升级思维，创新模式，以数据驱动重构商业形态。

5. 金融大数据应用成为行业核心竞争力

在全球数字化转型的热潮之中，金融行业可谓一马当先。金融行业具有庞大的客户群体，企业级数据仓库中存储了大量的结构化数据，如客户、账户、产品、交易等，以及海量的非结构化数据，如语音、图像、视频等。这些数据隐含着诸如客户偏好、社会关系、消费习惯等丰富且全面的信息资源，成为金融行业数据应用的重要基础。金融业务与大数据技术的深度融合，使其数据价值不断被发掘，从而有效地促进业务效率的提升、金融风险的防范、金融机构商业模式的创新和金融科技模式下的市场监管。目前，金融大数据已经在交易欺诈识别、精准营销、信贷风险评估、供应链金融和股市行情预测等领域中得到广泛应用。大数据的应用分析能力正在成为金融机构未来发展的核心竞争要素。

毋庸置疑，金融大数据具有广阔的发展前景。我国金融大数据将呈现如下发展趋势。

（1）长期以来，金融机构在自身经营发展的过程中积累了大量的业务数据，但是内部数据来源单一、片面，无法支撑多样、全面、深入的数据分析需求。为了能够全面洞察客户需求、预测经营风险、支撑经营决策，引入外部数据实现跨机构间的数据融合变得尤为重要。

（2）随着监管部门对数据安全和个人隐私保护的日益重视，在较严的监管态势下，金融行业如何保障数据安全及合规使用，已经成为当前亟须解决的问题。

任务 2　大数据分析系统所需工具和框架的选择

任务描述

小郑进入大学选择的是大数据应用专业，他的梦想是毕业后能够进入大型银行的技术研发部，负责数据处理、数据挖掘、数据分析等系统开发和维护方面的工作。小郑是刚进校的大一新生，对学习大数据应用方向的专业知识无从下手，对此他为自己制订了学习计划，打算系统地了解大数据行业，为更好地胜任今后的工作打下基础。

任务分析

目前，国内企业在业务决策中是以数据分析结果为依据的，主要集中在银行、保险、电信和电子商务等行业。数据分析的应用范围主要集中在信用风险评估、流程优化、市场营销、成本与预算等方面，深度尚可，但广度一般，尚未扩充到运营管理的所有领域。认识大数据的应用，可以理解为利用大数据的平台。我们在开发该平台的相关工作中，需要对与大数据相关的开发工具和框架有深入的了解。本任务将对大数据分析系统所需工具和框架进行详细介绍。

知识准备

掌握计算机编程语言的基础知识，对理解程序设计的基本结构有一定的帮助。

2.2.1　了解大数据理论

大数据技术起源于 2000 年前后互联网的高速发展阶段。随着信息时代背景下数据特征的不断演变及数据价值释放需求的不断增加，大数据已经逐步变为针对大数据的多重数据特征，围绕数据采集、存储、处理计算，以及配套的数据治理、数据分析、数据安全等助力数据价值释放的周边技术，形成整套技术生态。如今，大数据技术已经发展成覆盖面庞大的技术体系。

对于大数据，研究机构 Gartner 给出了这样的定义：大数据是需要新处理模式才能具有更强的决策能力、洞察能力和流程优化能力的海量、高增长率及多样化的信息资产。

大数据技术的战略意义不在于掌握庞大的数据信息，而在于对这些有意义的数据进行专业化处理。换言之，如果把大数据比作一种产业，那么这种产业实现盈利的关键在于提高对数据的“加工能力”，通过“加工”实现数据的“增值”。

从技术层面看，大数据与云计算的关系就像一枚硬币的正/反面一样密不可分。大数据技术的特色在于对海量数据进行分布式数据挖掘，但它必须依托云计算的分布式处理、分布式数据库、云存储和虚拟化技术。

2.2.2 大数据技术的发展趋势

2020年以来，大数据技术环境发生了变化，一些新的技术应运而生，重点表现为以下4个方面。

1. 基础技术

控制成本、按需索取成为主要理念。大数据技术自诞生以来始终沿袭基于 Hadoop 或 MPP 的分布式框架，利用其可扩展的特性通过资源的水平扩展来适应更大的数据量和更高的计算需求，并形成具备存储、计算、处理和分析等能力的完整平台。

为了应对网络速度不足、数据在各节点之间交换时间较长的问题，大数据分布式框架设计采用存储与计算耦合的自建平台，使数据在自身存储的节点上完成计算以便降低交互。无论是私有化部署还是云化服务，大数据平台始终以具备数据存储、计算、处理和分析等完整能力的形态提供服务。

1）存储与计算耦合的自建平台造成了额外成本

实际业务中对数据存储与计算能力的要求往往是不断变化且各自独立的，使两类资源（存储与计算耦合）的需求配比不可预见且到达资源瓶颈的时间无法同步。在存储与计算耦合的情况下，当其中的一类资源出现瓶颈时，资源的横向扩展必然导致存储或计算能力的冗余，由此必须进行大量的数据迁移才能保证扩展节点的资源得到有效利用，这无疑造成了难以避免的额外成本。

以完整产品形式提供服务的大数据平台在应对弹性扩展、功能迭代、成本控制等特性需求时，无论是开发迭代新版本还是集成混搭其他工具，总会引发需求延迟满足、性能持续降低、额外新增成本等其他问题。

2）存储与计算分离可有效控制成本

存储与计算分离是将存储和计算两个数据生命周期中的关键环节剥离开，形成两个独立的资源集合。两个资源集合之间互不干涉但又通力协作。每个集合内部充分体现资源的规模聚集效应，使单位资源的成本尽量减少，同时兼有充分的弹性以供横向扩展。

当其中的一类资源之一紧缺或过剩时，只需对该类资源进行获取或回收，使用具备特定资源配比的专用节点进行弹性扩展或收缩，即可在资源需求差异化的场景中实现资源的合理配置。

在存储与计算分离理念的基础上，Serverless、云原生等概念的提出可进一步助力处理分析等各项能力的服务化。存储与计算分离的深入及容器化等技术的应用，使 Serverless 概念的落实从简单的计算函数向着更丰富的处理分析能力发展，而采用预先实现的形式将特定的数据处理、通用计算、复杂分析能力形成服务，可以供其按需调用。

由此，数据的处理分析等能力摆脱了对完整平台和工具的需求，大大缩短了开发周期，节省了开发成本，同时服务应用由提供方运营维护，实行按需付费，消除了复杂的运营维护过程和相应的成本。

目前，阿里云和华为等云计算厂商纷纷提供了基于各自云化大数据平台、分布式数据库产品的存储于计算分离解决方案。其中，阿里云使用自身EMR+OSS产品代替原生Hadoop存储架构，整体成本估算可下降 50%。华为则使用了自身 FusionInsight+EC 产品，存储利用率从 33%提升至 91.6%。在能力服务化方面，Snowflake 公司提出的数据仓库服务化可以将分析能力以云服务的形式在 AWS、Azure 等云平台上提供按次计费的服务，成为云原生数据仓库的代表。在我国以阿里云的 AnalyticDB、DLA 为代表的一系列产品可以提供基于类似思想的服务化的数据处理分析能力。

2. 数据管理

与自动化、智能化数据管理、紧迫数据管理相关的概念和方法论近年来备受关注。在大数据浪潮下，越来越多的政府、企业等组织开始关注如何管理好和使用好数据，从而使数据能够通过应用和服务转化为额外价值。

数据管理包括数据集成、元数据、数据建模、数据标准管理、数据质量管理和数据资产服务。通过汇聚盘点数据和提升数据质量，不仅能够增强数据的可用性和易用性，还能够进一步释放数据资产的价值。

目前，以上技术大多集成于数据管理平台，作为开展数据管理的统一工具。但是，数据管理平台在实际使用过程中仍需要人工执行数据建模、数据标准应用、数据剖析等操作。因此，更加自动化、智能化的数据管理平台将有助于数据管理工作更高效进行。

在基于机器学习的人工智能不断进步的情况下，将有关技术应用于数据管理平台的各项职能，不仅可以减少人力成本，还可以提高治理效率，因此成为当前数据管理平台研发人员关注的重点。其中，数据建模、数据标准应用和数据剖析是几个主要的应用方向。

在数据建模方面，机器学习技术通过识别数据特征、推荐数据主题分类，进一步实现自动化建立概念数据模型。同时，对表间关系的识别可大大降低逆向数据建模的人力成本，便于对数据模型进行持续更新。

在数据标准应用方面，基于业务含义、数据特征、数据关系等维度的相似度判别，可以在数据建模时匹配数据标准，不仅扩大了数据标准的应用覆盖面，还减少了数据标准体系的维护成本。

在数据剖析方面，人工智能通过分析问题数据和学习数据质量知识库，提取数据质量评估维度和数据质量稽核规则，并识别关联数据标准，实现自动化数据质量于事前、事中和事后的管理。

在数据管理概念火热、各项工作备受重视的当下，市场上的数据管理平台产品也在不断演进，力争上游。华为、浪潮、阿里云等数据管理平台供应商也在各自的产品中不断地更新自动化、智能化的数据管理功能。其中，华为着重于智能化的数据探索，浪潮关注自动化的标签和主数据识别，阿里云实现了高效的标签识别及数据去冗。

3. 分析应用

图结构数据分析需求旺盛，引导数据分析的新方向。随着深度学习的迅速发展，传统的以独立数据集合为对象的分析技术不断成熟。相对地，对存在关联关系的数据进行关联分析的需求更加旺盛。关联分析最早始于 20 世纪 90 年代，由“购物篮分析”问题（即从顾客交易列表中发掘其购物行为模式）引申而来。

早期的机器学习领域中也有 Apriori、FP-growth 等经典频繁模式挖掘算法实现对关联规则的挖掘分析，但传统的数据分析方法难以应对图结构数据中关联关系的分析需求。以社交网络、用户行为、网页链接关系等为代表的数据，往往需要通过“图”的形态以直观的方式展现其关联性。在图的形式下，自然而然地存在连通性、中心度、社区关系等一系列内蕴的关联关系，这类依赖对图结构本身进行挖掘分析的需求难以通过分类、聚类、回归和频繁模式挖掘等传统数据分析方法实现，需要能够对图结构本身进行存储、计算、分析挖掘的技术合力完成。

专注于图结构数据的分析成为数据分析技术的新方向，它是专门针对图结构数据进行关联关系挖掘分析的一类技术，在分析技术应用中占据的比重不断上升。与图结构数据分析相关的多项技术均成为产品化方向的热点，其中以对图模型数据进行存储和查询的图数据库、对图模型数据应用图分析算法的图计算引擎、对图模型数据进行抽象以便研究展示实体之间关系的知识图谱 3 项技术为主。通过组合使用图数据库、图计算引擎和知识图谱，使用者可以对图结构中实体点之间存在的未知关系进行探索和发掘，充分获取其中蕴含的依赖图结构的关联关系。

图数据库、图计算引擎和知识图谱 3 项技术正在全球范围内加速产业化。国内阿里云、华为、腾讯、百度等大型云厂商及部分初创企业均已布局这个技术领域。其中，知识图谱已经应用于公安、金融、工业、能源和法律等诸多行业。

4. 安全技术

隐私计算技术稳步发展，热度持续上升。除了对数据进行分析挖掘，数据的共享及流通是另一个实现数据价值释放的方向。无论是直接对外提供数据查询服务还是与外部数据进行融合分析应用，都是实现数据价值变现的重要方式。

在数据安全事件频发的当代，如何在不同组织之间进行安全可控的数据流通始终缺乏有效的技术保障。同时，随着相关法律的逐步完善，数据的对外流通面临更加严格的规范限制，合规问题进一步对多个组织之间的数据流通产生制约。

基于隐私计算的数据流通技术成为实现数据联合计算的主要思路。在数据合规流通需求旺盛的环境下，隐私计算技术发展火热。作为旨在保护数据本身不对外泄露的前提下实现数据融合的一类信息技术，隐私计算为实现安全合规的数据流通带来了可能。

隐私计算分为多方安全计算和可信硬件两个流派。其中，多方安全计算基于密码学理论，可以实现在无可信第三方的情况下安全地进行多方协同计算。可信硬件则依据对安全硬件的信赖，构建一个硬件安全区域，使数据仅在该安全区域内进行计算。

在认可密码学或硬件供应商的信任机制的情况下，两类隐私计算均能在数据本身不外泄的前提下实现多组织间数据的联合计算。此外，还有联邦学习、共享学习等通过多种技术手段平衡安全性和性能的隐私保护技术，这为跨企业机器学习和数据挖掘提供了新的解决思路。

由于隐私保护问题十分契合数据流通领域的热点命题，因此近年来隐私计算持续稳步发展，各类市场参与者逐渐显现。一方面，互联网巨头、电信运营公司及众多大数据公司纷纷布局隐私计算，这类企业自身有很强的数据业务合规需求，并且有丰富的数据源、数据业务、数据交易场景和过硬的研发能力；另一方面，一批专注于隐私计算研发应用的初创企业也相继涌现，对外提供算法、算力和技术平台，相关理论技术较为扎实、专业。整个隐私计算领域开始呈现百花齐放的快速发展态势。

2.2.3　数据治理

关于数据治理的概念界定，一般有广义和狭义之分。狭义的数据治理主要是指对数据进行治理的技术与活动，是组织内部对数据的处置与应用进行规范化的过程。而广义的数据治理则是通过多样化治理手段激活与释放数据要素价值的一套行为体系，是发展数字经济的关键所在。从广义的角度来看，数据治理是企业、政府、社会、市场等多个参与主体，通过技术、制度、人员、法律等多种方式，实现提升数据质量与应用价值、促进数据资源整合与流通共享、保障数据安全等目标的一整套行为体系。在数据治理的实施过程中，组织内部的数据管理、组织之间社会化的数据流通和覆盖数据全生命周期的安全保障是 3 个关键议题。

1. 组织内部的数据管理能力逐步提升

在企业和政府的数字化转型过程中，数据是基础性和战略性资源。只有夯实数据管理之基，才能提升数据资源质量，支撑上层的数据流转与应用，充分发挥数据资源的价值。

不同行业的数据资产管理实践模式有所差异。经过多年发展，企业数据资产管理的理论基础已经逐步成熟，形成了以国际数据管理协会的数据管理模型、数据治理研究所的数据治理框架等为代表的理论框架。我国已于 2018 年发布了《数据管理能力成熟度评估模型》（GB/T 36073—2018）。但在各行业的具体实践中，理论的共性逐渐被行业的个性所替代。例如，金融行业通常实行“管理制度先行”的办法，有针对性地建立数据质量部门、数据标准部门、数据开发部门、数据分析部门等相关的管理部门，数据资产管理活动侧重于监管数据治理、信息系统、数据安全、应急预案。互联网企业通常实行“实践探索先行”的办法，将数据模型、数据仓库、数据分析作为核心应用，随着网络数据安全保护能力专项行动的开展和对个人信息保护的加强，数据安全逐渐成为互联网企业的关键数据资产管理活动。不同行业的数据资产管理综合能力差距明显。

2. 组织之间社会化的数据流通建设方式正在努力探索

要实现政府、企业等组织外部社会化的、自由有序的数据交易与流通，需要建立规范有序的交易市场来提供健康发展的环境。早些年我国的数据交易产业在各家交易所的运营情况大多不尽如人意，数据交易的成交量远低于预期设想，甚至很多已经陷入搁置、停运状态，数据交易产业处在小规模探索阶段。这主要是因为数据交易所的定位和模式未明、数据交易配套的法律痼疾未除。

一方面，各交易所的定位相似、功能重复，在缺少核心竞争优势的同时，服务模式、定价标准等交易规则体系混乱，难以培养数据供需双方对交易所的平台依赖，只能沦为小规模数据交易的“撮合者”。

另一方面，数据权属的界定处于灰色地带，在相关立法尚未健全的当代，行业内的实践中并未形成具有共识性或参考性的权属分割规则，产权争议、无法监管的风险令供需双方望而却步。

除此之外，频发的数据安全和个人隐私泄露事件加剧了社会对数据交易的不信任感，出于对国家安全、个人信息和商业秘密的保护，主体参与数据交易的主动性、积极性因此降低，成为数据交易所发展的又一大障碍。随着中央提出要加快培育数据要素市场，以及市场环境和技术条件的变化，大数据交易市场又出现了新的生机，国内的数据交易产业重新起航。

自 2019 年以来，各地重新布局数据交易产业的脚步加快。2019 年，山东数据交易公司在济南成立，并联合上海市、江苏省、安徽省的数据交易机构共同成立华东数据联盟，孵化跨省市的数据交易流通生态。2020 年，湖南大数据交易中心正式开工建设，湖北省拟筹建湖北大数据交易集团，北部湾大数据交易中心在广西南宁揭牌。2021 年，天津市人民政府正式批复，同意在中新天津生态城设立北方大数据交易中心。

2020 年 9 月 5 日，北京市委宣布将建设国际大数据交易所。9 月 7 日，正式发布《北京国际大数据交易所设立工作实施方案》，其建设目标定位于国内领先的大数据交易基础设施和国际重要的大数据跨境交易枢纽。北京国际大数据交易所的 5 个功能定位如下。

（1）权威的数据信息登记平台，通过充分的信息披露明晰数据的取得方式及权利范围。

（2）受到市场广泛认可的数据交易平台，通过健全的报价、询价、竞价和定价机制，对数据产品的所有权交易、使用权交易、收益权交易和跨境交易进行划分并提供多种交易模式。

（3）覆盖全链条的数据运营管理服务平台，以提供数据清洗、法律咨询、价格评估、分析、评议、尽职调查等全链条的服务。

（4）通过以数据为核心的金融创新服务平台，探索开展基于数据资产的质押融资、保险、担保和证券化等金融创新服务。

（5）新技术驱动的数据金融科技平台，深入挖掘多方安全计算、区块链等技术在数据安全、数据应用等方面的作用并充分运用。

3. 覆盖数据全生命周期的安全保障成为焦点

作为生产要素，人们对于数据的需求与应用日益广泛，数据要素价值的释放路径更加多元，但无论是组织内部的数据应用还是组织之间的数据流通，数据面临的安全风险也随着其价值的逐步凸显而更加突出。一方面，数据应用的复杂性和数据分析挖掘的多样性增加了数据权属管理和抵御安全攻击的难度；另一方面，越来越多的跨组织间数据流通进一步加剧了数据被盗用、误用和滥用的安全风险。近年来，数据安全事件的层出不穷使数据安全治理成为焦点问题。

（1）数据安全标准制度体系逐步构建。

不断完善与数据安全管理相关的标准制度。2019年8月30日，《信息安全技术　数据安全能力成熟度模型》（GB/T 37988—2019）正式成为国家标准对外发布，并于2020年3月起正式实施。该标准从数据采集安全、数据传输安全、数据存储安全、数据处理安全、数据交换安全和数据销毁安全等维度提出了覆盖全生命周期的数据安全能力要求，为各类组织开展数据安全治理提供指引。

（2）企业数据安全治理实践逐步深入。

以小米公司为例，小米公司的安全保障体系包括事前安全防范、事中安全管控、事后稽核审计一套完整的安全管理制度。其中，事前安全防范包括制定数据安全管理细则与完善审批流程、大数据资产管理、数据分类分级制度与合作方调研审查；事中安全管控包括数据权限管理、数据共享管理、合作方数据安全管理与个人信息保护；事后稽核审计包括数据安全审计、数据安全预警与应急处置。可以看到，一方面，在这样的数据安全制度体系中，不仅针对企业内部数据的管理与应用进行管控，对于企业外部数据的流通共享也建立了有针对性的管理制度，可以覆盖数据价值流转的各个环节。另一方面，数据安全技术应用是保障企业数据安全的重要支撑。在完善制度体系的基础之上，建立完整可靠的数据安全技术体系是抵御内外部数据安全风险的关键。在传统信息安全涉及的网络安全、主机安全和应用安全的基础之上，覆盖从数据采集、存储、挖掘到销毁等全生命周期的技术安全保障更为重要。

以中国联通为例，中国联通大数据在企业数据安全治理实践中建立了完整的技术保障体系。在数据采集环节进行数据分类分级、身份认证、数据加密，在数据存储环节进行数据脱敏、细粒度权限与访问控制、多副本多节点备份，在数据挖掘环节对数据使用行为进行监测，在数据发布环节进行内容审计、数据溯源与合规管控，在销毁环节进行定期销毁。此外，中国联通通过开发数据资产地图、数据安全网关和全息审计平台等配套产品来保障企业内部数据安全治理实践技术的应用。

2.2.4　计算机编程语言的学习

在大数据时代，数据量大、数据源异构多样、数据时效性高等特征催生了高效完成海量异构数据存储与计算的技术需求。在这样的需求下，面对迅速而庞大的数据量，传统集中式计算架构出现了难以逾越的瓶颈：面向传统关系型数据库单机的存储及计算性能有限，出现了规模并行化处理（Massively Parallel Processing，MPP）的分布式计算架构；面向海量网页内容及日志等非结构化数据，出现了基于Apache Hadoop和Spark生态体系的分布式批处理计算框架；面向对时效性数据进行实时计算反馈的需求，出现了Apache Storm、Flink和Spark Streaming等分布式流处理计算框架。

数据管理类技术可以助力提升数据质量与可用性，技术总是随着需求的变化而不断地发展提升的。在较为基本和急迫的数据存储、计算需求已经在一定程度上得到满足后，将数据转化为价值成为主要需求。

由于对企业与组织内部的大量数据缺乏有效的管理，普遍存在数据质量低、获取难、整合不易和标准混乱等问题，因此数据的后续应用存在重重障碍。在此情况下，用于数据整合的数据集成技术，以及用于实现一系列数据资产管理职能的数据管理技术应运而生。

数据分析应用技术可以用来发掘数据资源的内蕴价值。在拥有充足的存储与计算能力及高质量可用数据的情况下，如何将数据中蕴含的价值充分挖掘出来并与相关的具体业务相结合以便实现数据的增值成为关键。用于发掘数据价值的数据分析应用技术，包括以 BI（Business Intelligence）工具为代表的简单统计分析与可视化展现技术，以传统机器学习、基于深度神经网络的深度学习为基础的挖掘分析建模技术纷纷涌现，可以帮助用户发掘数据价值并进一步将分析结果和模型应用于实际业务场景中。

数据安全流通技术可以助力安全合规的数据使用及共享。在数据价值的释放初现曙光的同时，数据安全问题也更加凸显，数据泄露、数据丢失、数据滥用等安全事件层出不穷，对国家、企业和个人用户造成了恶劣影响。如何应对大数据时代下严峻的数据安全威胁，在安全合规的前提下共享及使用数据成为备受瞩目的问题。访问控制、身份识别、数据加密和数据脱敏等传统数据保护技术正在向更加适应大数据场景的方向不断发展，同时，侧重于实现安全数据流通的隐私计算也成为热点发展方向。

初学者至少需要掌握一门计算机编程语言，如 Java、Python 等。

（1）Java。初学者只需要掌握 Java 的标准版 Java SE（Servlet、JSP、Tomcat、Struts、Spring、Hibernate 和 MyBatis 都是 Java EE 方向的技术，在大数据技术中较少涉及，只需了解基础知识即可）。另外，初学者一定要掌握 Java 连接数据库的方式，如 JDBC。Hibernate 或 MyBatis 也可以实现与数据库的连接，所以初学者可以尝试理解 Hibernate 或 MyBatis 的原理，以增加对 Java 操作数据库的理解，因为这两种技术的核心是在 Java 反射的基础上进行 JDBC 的各种应用。

（2）Python。Python 提供了非常完善的基础代码库，覆盖了网络、文件、GUI、数据库和文本等大量内容，被形象地称作“内置电池”。使用 Python 进行程序开发可以直接借用现有成果。除了内置的库，Python 还有大量的第三方库，可供用户直接使用。当然，如果开发的代码进行了很好的封装，也可以作为第三方库供他人使用。许多大型网站就是使用 Python 开发的，如 YouTube、Instagram，以及国内的豆瓣。很多大公司，包括谷歌、雅虎等，甚至美国国家航空航天局都大量地使用了 Python。Python 的特点优雅、明确、简单，所以 Python 程序简单易懂。

2.2.5 与大数据相关课程的学习

在掌握计算机编程语言之后，我们就可以开始学习大数据部分的课程。与大数据课程相关的学习内容包括以下几方面。

1. 基础阶段的Linux、Docker、MongoDB和Redis等

1）Linux

Linux是一套免费使用和自由传播的类UNIX操作系统，是一个基于POSIX和UNIX的多用户、多任务且支持多线程和多CPU的操作系统。

随着互联网的发展，Linux得到了来自全世界软件爱好者、组织、公司的支持。除了在服务器操作系统方面保持着强劲的发展势头，Linux在个人计算机、嵌入式系统上都有着长足的进步。使用者不仅可以直观地获取该操作系统的实现机制，还可以根据自身的需求来修改这个操作系统，使其最大限度地适应需要。

Linux不仅系统性能稳定，还是开源软件。其核心防火墙组件性能高效，配置简单，保证了系统的安全。在很多企业网络中，为了追求速度和安全，Linux既可以作为服务器，又可以作为网络防火墙。与其他操作系统相比，Linux具有开放源码、无版权、技术社区用户多等特点。开放源码使用户可以自由裁剪，灵活性高，功能强大，成本低。尤其是Linux操作系统中内嵌网络协议栈，经过适当配置就可以实现路由器的功能。这些特点使Linux成为开发路由交换设备的理想开发平台。

2）Docker

Docker是一个开源的应用容器引擎，开发人员可以将其应用打包到一个可移植的容器中，并发布到任何流行的Linux设备上。Docker也可以实现虚拟化，容器完全使用沙箱机制，相互之间无须使用任何接口。

Docker使用客户端/服务器（C/S）架构模式，并通过远程API来管理Docker容器。Docker容器可以通过Docker镜像来创建，容器与镜像的关系类似于面向对象编程中的对象与类的关系。Docker采用C/S架构Docker Daemon作为服务端接收来自客户的请求，并处理这些请求（创建、运行、分发容器）。Docker客户端既可以运行在一台机器上，也可以通过Socket或RESTful API进行通信。Docker Daemon一般在宿主主机后台运行，等待接收来自客户端的消息。Docker客户端能够为用户提供一系列可执行命令，用户使用这些命令与Docker Daemon进行交互。

3）MongoDB

MongoDB是基于分布式文件存储的数据库，采用C++语言编写，旨在为Web应用提供可扩展的高性能数据存储解决方案。

MongoDB是介于关系型数据库和非关系型数据库之间的产品，是非关系型数据库中功能最接近关系型数据库的。它支持的数据结构非常松散，是类似于JSON的BSON格式，因此可以存储比较复杂的数据类型。Mongo的主要特点是能够支持强大查询语言，其语法类似于面向对象的查询语言，几乎可以实现类似于关系型数据库单表查询的绝大部分功能，并且支持对数据建立索引。

4）Redis

Redis支持Push/Pop、Add/Remove、取交集/并集/差集及更丰富的操作，并且这些操作都是原子性的。在此基础上，Redis可支持各种不同方式的排序。

与Memcached相似，为了保证效率，数据都是缓存在内存中的。但是Redis会周期性

地把更新的数据写入磁盘中，或者把修改操作写入追加的记录文件，并且在此基础上实现 Master-Slave（主/从）同步。Redis 是一个高性能的 Key-Value 数据库。Redis 的出现，在很大程度上补偿了 Memcached 这类 Key-Value 存储的不足，在部分场合可以对关系型数据库起到很好的补充作用。它提供了 Java、C/C++、C#、PHP、JavaScript、Perl、Object-C、Python、Ruby 和 Erlang 等客户端，使用很方便。Redis 支持主从同步，数据可以由主服务器向任意数量的从服务器同步，从服务器可以是关联其他从服务器的主服务器。因此，Redis 可以执行单层树复制。存盘可以对数据进行写操作。由于完全实现了发布/订阅机制，因此从数据库在任何地方同步单层树时，可以订阅一个频道并接收主服务器完整的消息发布记录。同步对读取操作的可扩展性和数据冗余很有帮助。

2. 大数据存储阶段的 Hadoop、HBase、Hive 和 Sqoop 等

1）Hadoop

Hadoop 是一个由 Apache 基金会开发的分布式系统基础架构，如图 2.2 所示。用户可以在不了解分布式底层细节的情况下，开发分布式程序，充分利用集群的功能进行高速运算和存储。

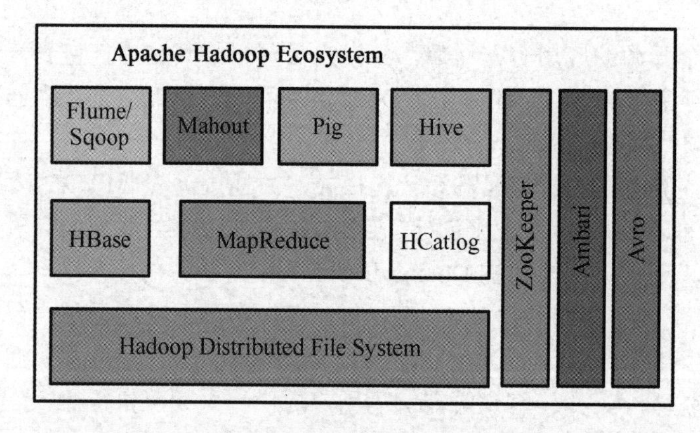

图 2.2　Hadoop 的基础架构

Hadoop 实现了一个分布式文件系统（Hadoop Distributed File System，HDFS）。

HDFS 具有较高的容错性，可用来部署在价格低廉的硬件上。它能够提供较高的吞吐量用于访问应用程序的数据，适合有超大数据集的应用程序。HDFS 放宽了 POSIX 的要求，可以流的形式访问文件系统中的数据。Hadoop 框架的设计核心是 HDFS 和 MapReduce，HDFS 为海量的数据提供了存储功能，MapReduce 则为海量的数据提供了计算功能。

2）HBase

HBase 是一个具有高可靠性、高性能，且面向列、可伸缩的分布式存储系统。利用 HBase 技术可以在廉价的计算机 Server 上搭建大规模结构化存储集群。

与 FUJITSU Cliq 等商用大数据产品不同，HBase 是谷歌设计的 BigTable 的开源实现，类似于 BigTable 将 GFS 作为其文件存储系统，HBase 将 Hadoop HDFS 作为其文件存储系统。谷歌运行 MapReduce 来处理 BigTable 中的海量数据，HBase 同样利用 MapReduce 来

处理 HBase 中的海量数据。BigTable 将 Chubby 作为协同服务，HBase 将 ZooKeeper 作为协同服务。HBase 位于结构化存储层，Hadoop HDFS 为 HBase 提供了较高可靠性的底层存储支持，MapReduce 为 HBase 提供了高性能的计算能力，ZooKeeper 为 HBase 提供了稳定服务和 Failover 机制。此外，Pig 和 Hive 还为 HBase 提供了高层语言支持，使人们在 HBase 上进行数据统计处理变得非常简单。Sqoop 则为 HBase 提供了 RDBMS 数据导入功能，使传统数据库数据向 HBase 中迁移变得非常方便。

3）Hive

Hive 是基于 Hadoop 的一个数据仓库工具，可以将结构化的数据文件映射为数据库表，并提供简单的 SQL 查询功能，也可以将 SQL 语句转换为 MapReduce 任务来运行。

Hive 的优点是学习成本低，可以通过类 SQL 语句快速实现简单的 MapReduce 统计，不必开发专门的 MapReduce 应用，十分适合数据仓库的统计分析。Hive 提供了一系列的工具，可以用来进行数据提取、转化和加载（ETL），这是一种可以存储、查询和分析存储在 Hadoop 中的大规模数据的机制。Hive 定义了简单的类 SQL 查询语言，称为 HQL，它允许熟悉 SQL 的用户查询数据。同时，这门语言也允许熟悉 MapReduce 的开发人员开发自定义的 Mapper 和 Reducer 来处理一些复杂的分析工作。Hive 没有专门的数据格式。Hive 可以很好地工作在 Thrift 之上，能够控制分隔符，也允许用户指定数据格式。

4）Sqoop

Sqoop 是一款开源工具，主要用于在 Hadoop（Hive）与传统数据库（MySQL、PostgreSQL 等）之间进行数据传递，可以将关系型数据库（如 MySQL、Oracle、PostgreSQL 等）的数据导入 Hadoop 的 HDFS 内，也可以将 HDFS 的数据导入关系型数据库中。

Sqoop 最初是 Hadoop 的一个第三方模块，后来为了使使用者能够快速部署，开发人员能够更快速地迭代开发，独立成为一个 Apache 项目。Sqoop 对于某些 NoSQL 也提供了连接器。Sqoop 类似于其他 ETL 工具，可以使用元数据模型来判断数据类型，并在数据从数据源转移到 Hadoop 时确保类型安全。Sqoop 可以为大数据批量传输设计，能够分割数据集并创建 Hadoop 任务来处理每个区块。

3. 大数据架构设计阶段的 Flume、ZooKeeper 和 Kafka MQ 等

1）Flume

Flume 是 Cloudera 提供的一个具备高可用性、高可靠性的海量日志采集、聚合和传输的分布式系统。

Flume 支持在日志系统中定制各类数据发送方，用于收集数据。同时，Flume 提供对数据进行简单处理，还具有写到各种数据接收方（可定制）的能力。当前，Flume 有两个版本，Flume 0.9.X 版本统称为 Flume-og，Flume1.X 版本统称为 Flume-ng。由于 Flume-ng 经过了重大重构，与 Flume-og 有很大不同，因此在使用时需要注意区分。

2）ZooKeeper

ZooKeeper 是谷歌的 Chubby 的一个开源实现，是 Hadoop 和 HBase 的重要组件。

ZooKeeper 是为分布式应用提供一致性服务的软件，提供的功能包括配置维护、域名服务、分布式同步和组服务等。ZooKeeper 的目标就是封装好复杂且易出错的关键服务，将简单易用的接口和性能高效、功能稳定的系统提供给用户。ZooKeeper 包含一个简单的原语集，提供 Java 和 C 语言的接口。ZooKeeper 代码版本中提供了分布式独享锁、选举、队列的接口，代码在 zookeeper-3.4.3\src\recipes 中。其中，分布式独享锁和队列有 Java 及 C 语言两个版本，选举只有 Java 版本。

3）Kafka MQ

Kafka MQ 是一个高吞吐量分布式消息系统，是由 Linkedin 开源的消息中间件。

Kafka 的开发人员认为不需要在内存中缓存任何数据，操作系统的文件缓存已经足够完善和强大，其顺序读/写的性能是非常高效的。Kafka 的数据只会按顺序追加（Append），数据的删除策略是累积到一定的程度或超过一定的时间再删除。Kafka 会将消费者信息保存在客户端而不是 MQ 服务器中，服务器无须记录消息的投递过程，每个客户端都知道自己下一次应该从什么地方读取消息，消息的投递过程也是采用客户端主动拉取（Pull）的模式，可大大减轻服务器的负担。Kafka 还强调减少数据的序列化和复制开销，会将一些消息组织成 Message Set 做批量存储和发送，并且客户端在拉取数据时尽量以 Zero-Copy 的方式传输，利用 Sendfile（对应 Java 中的 FileChannel.transferTo/transferFrom）等高级 IO 函数来减少复制开销。可见，Kafka 是一个精心设计、特定于某些应用的 MQ 系统，具有偏向特定领域的 MQ 系统和垂直化的产品策略。Kafka 是一种高吞吐量的分布式发布订阅消息系统，通过 0（1）的磁盘数据结构提供消息的持久化，这种结构对于数以 TB 级的消息存储也能够保持长时间的稳定性能。

4. 大数据实时计算阶段的 Mahout、Spark 和 Storm 等

1）Mahout

Mahout 是 Apache 基金会旗下的一个开源项目，能够提供一些可扩展的机器学习领域经典算法的实现，旨在帮助开发人员更加方便快捷地创建智能应用程序。

Mahout 有许多实现，包括聚类、分类、推荐过滤和频繁子项挖掘。此外，通过使用 Apache Hadoop 库，Mahout 可以有效地扩展到云中。

2）Spark

Spark 是专门为大规模数据处理而设计的快速通用的计算引擎。

Spark 是加利福尼亚大学伯克利分校的 AMP 实验室开源的类 Hadoop MapReduce 的通用并行框架。Spark 具备 Hadoop MapReduce 所有的优点。与 MapReduce 的不同之处在于，Spark 处理数据时输出的结果可以保存在内存中，所以不再需要读/写 HDFS。因此，Spark 能够更好地适用于数据挖掘与机器学习等需要迭代的 MapReduce 的算法。

Spark 是一种与 Hadoop 相似的开源集群计算环境，但 Spark 启用了内存分布数据集，除了能够提供交互式查询，还可以优化迭代工作负载。Spark 是在 Scala 中实现的，可以将 Scala 用作其应用程序框架。

与 Hadoop 不同，Spark 和 Scala 能够紧密集成，其中的 Scala 可以像操作本地集合对

象一样轻松地操作分布式数据集。尽管创建 Spark 是为了支持分布式数据集上的迭代作业，但实际上它是对 Hadoop 的补充，可以在 Hadoop 文件系统中并行运行，通过名为 Mesos 的第三方集群框架可以支持此行为。Spark 可以用来构建大型的、低延迟的数据分析应用程序。

3）Storm

Storm 是一个分布式的、容错的实时计算系统，被托管在 GitHub 上，遵循 Eclipse Public License 1.0。

Storm 是由 BackType 开发的实时计算系统（BackType 现在已经被 Twitter 收购）。GitHub 上的最新版本是 Storm 0.8.0，使用 Clojure 编写。Storm 为分布式实时计算提供了一组通用原语，可以被用于“流处理”中，实时处理消息并更新数据库。这是管理队列及工作者集群的另一种方式。Storm 也可以用于连续计算，对数据流做连续查询，在计算时即可将结果以流的形式输出给用户。它还可以用于“分布式 RPC”，以并行的方式运行昂贵的运算。Storm 的主工程师 Nathan Marz 表示，Storm 可以方便地在一个计算机集群中编写与扩展复杂的实时计算。Storm 用于实时处理，就好比 Hadoop 用于批处理。Storm 不仅可以每秒处理数以百万计的消息，并且能够使每个消息都得到处理，还可以使用任意编程语言进行开发。

5. 大数据采集阶段的 Scala

Scala 是一种纯粹的面向对象编程语言，并且无缝地结合了命令式编程和函数式编程风格。Scala 代表了一个新的语言品种，抹平了人为划分的界限。

Scala 的几项关键特性表明了其面向对象的本质。例如，Scala 中的每个值都是一个对象，包括基本数据类型（即布尔值、数字等）在内，其中函数也是对象。

Scala 提供了基于 Mixin 的组合。与只支持单继承的语言相比，Scala 具有更广泛意义上的类重用。Scala 允许定义新类时重用“一个类中新增的成员定义（即相较于其父类的差异之处）”。Scala 还包含若干函数式语言的关键概念，包括高阶函数、局部套用、嵌套函数和序列解读等。Scala 是静态类型的，因此允许提供泛型类、内部类，甚至多态的方法。

另外，Scala 可以与 Java 互操作，通过 scalac 编译器可以把源文件编译成 Java 的 Class 文件（即在 JVM 上运行的字节码）。既可以从 Scala 中调用所有的 Java 类库，又可以从 Java 应用程序中调用 Scala 的代码。

6. 大数据商业实战阶段

实操企业大数据处理业务场景，分析需求、实施解决方案，并且能综合技术实战进行应用。

2.2.6　大数据法制

大数据产业在发挥资源禀赋效应的同时，也催生出诸多隐患，如侵犯个人信息和隐私，泄露国家秘密，数据被截获、篡改和伪造，数据权属不明，数据垄断，以及不正当竞争等。

2020 年 7 月，《中华人民共和国数据安全法（草案）》面向公众公开征求意见。作为数据安全领域的上位法，《中华人民共和国数据安全法（草案）》对数据分级分类、监测预警及应急处置等与数据安全相关的各项管理制度和数据安全责任体系构建等方面提出要求。

推进大数据产业的创新发展，必须加强领域内的法制建设，构建公平、自由、有序的市场竞争环境。

1. 强化个人权益

大数据在使用过程中最为突出的问题是非法获取、分享和交易导致的个人信息泄露与滥用。骚扰电话、短信、邮件泛滥，个人财产损失和名誉损害事件屡见不鲜。2020 年 10 月，《中华人民共和国个人信息保护法（草案）》公布并公开征求社会公众意见。该草案确立了个人信息处理应该遵循的原则，即强调处理个人信息应该采用合法、正当的方式，具有明确、合理的目的，处理信息应该遵循公开、透明的原则。

该草案在“个人信息处理规则”章节中明确了个人信息处理的主要合法性基础，包括以下内容。

（一）取得个人的同意；

（二）为订立或者履行个人作为一方当事人的合同所必需；

（三）为履行法定职责或者法定义务所必需；

（四）为应对突发公共卫生事件，或者紧急情况下为保护自然人的生命健康和财产安全所必需；

（五）为公共利益实施新闻报道、舆论监督等行为在合理的范围内处理个人信息；

（六）法律、行政法规规定的其他情形。

该草案首次将国家机关全面纳入个人信息保护法规制范围内，如国家机关处理个人信息的，应该具有法定职权，并按照法定权限、程序进行。这将有助于整体社会的个人信息保护水平，并推动国际社会对中国个人信息保护制度的认可，为后续推进跨境数据流动机制提供了积极条件。

该草案还对各界普遍关注的敏感个人信息进行了特殊保护，即要求在具有特定目的和充分必要性的前提下，获得个人的单独或书面同意。另外，还应该告知处理个人敏感信息的必要性及对个人的影响。

2. 坚持多边合作，加强数据跨境流动立法

在数字经济发展的今天，数据只有实现在更大范围内的流动与共享，才能更好地发挥对经济增长、社会发展、全球化进程的支撑推动作用。随着经济全球化发展进程的加快，数据的跨境流动需求日益增强，必须在法规制度、责任体系和安全风险防范等方面做好保障。

当前，世界多国通过国内立法或国际协定等方式快速推进数据跨境流动规则的制定。例如，2019 年 9 月，日本与美国签署的贸易协定提到，“确保各领域数据无障碍跨境传输”及“禁止对金融业在内的机构提出数据本地化要求”。

2020 年 3 月，基于《合法使用境外数据明确法》，澳大利亚联邦政府修订了《电信（拦截和接入）法案》，允许协议国在出于执法目的时，互相跨境访问通信数据。2020 年 6 月，英国宣布“脱欧”后的未来科技贸易战略，允许英国和某些亚太国家之间的数据自由流动，

并希望与日本等国家达成比其作为欧盟成员国时期更进一步的数据协议。欧盟最高法院出于对欧盟公民数据隐私安全的考虑，于 2020 年 7 月宣布废除《隐私盾协议》。

《中华人民共和国网络安全法》第三十七条规定，“关键信息基础设施的运营者在中华人民共和国境内运营中收集和产生的个人信息和重要数据应当在境内存储。因业务需要，确需向境外提供的，应当按照国家网信部门会同国务院有关部门制定的办法进行安全评估；法律、行政法规另有规定的，依照其规定”。

2020 年 6 月 1 日，中共中央、国务院印发《海南自由贸易港建设总体方案》，标志着海南自由贸易港的建设进入全面实施阶段。该方案指出，建立健全数据出境安全管理制度体系，健全数据流动风险管控措施。

3. 明确权利属性，数据权属立法探索初现

大数据创造了财富，但出现了数据权属不清楚而收益分配不清楚的现实问题，这反映了加快数据所有权研究和立法的紧迫性及必要性。“数据权属”问题一直是影响数据资产化、数据交易的老大难问题，这主要是因为数据有着不同于土地、资本等传统生产要素的特点——数据不仅是生产要素，还附着了社会关系，各方主体对数据的权益都有所投射，在数据处理周期中，难以将权属归于单一的主体。

需要看到的是，“数据权属”虽然没有明确定论，但是并不会构成对数据开放利用的阻碍。相反，数据价值开发在根本上并不取决于传统的所有权定性，而是通过多方的市场参与，达成数据共享利用、促进价值生成的市场共识规则。因此，可以通过吸收市场实践共识，来逐步确定相关权属分配和竞争规则，建立数据市场基本秩序。例如，在近年来的司法实践中，我们通过逐步建立“用户授权”+“平台授权”+“用户授权”的三重授权原则来解决权属问题。

任务 3　云计算的未来

任务描述

云计算是一种利用互联网实现随时随地、按需、便捷地使用共享计算设施、存储设备和应用程序资源的计算模式，使用者按需购买付费使用。现在的 IT 界对云计算的钟爱超过了以往任何时候，云计算产业被认为是继大型计算机、个人计算机、互联网之后的第四次 IT 产业革命，IT 行业进入云时代。对 IT 界的大小企业来说，云计算称得上是一次“炼狱”。

云计算的核心概念可以简单地理解为将大量用网络连接的计算资源进行统一管理和调度，构成一个计算资源池为用户提供按需服务。提供资源的网络被称为“云”。我们可以随时享用这种“云”服务，只不过这种服务是有偿的。

任务分析

未来云计算的应用会更加细致地深入我们的日常生活中，未来基于云计算的云存储会

深入目前的移动互联网行业，而智能手机在未来将有一个大容量云端存储。正如前面所说的，云存储不是实物，而是服务，其未来的市场潜力是巨大的。

知识准备

通过学习本章的任务 2，读者可以初步认识和了解云计算，能够进行云计算调研问题的设计和调研表格的规划。

2.3.1 云计算概述

美国国家标准与技术研究院认为，云计算是一种按使用量付费的模式，这种模式提供可用的、便捷的、按需的网络访问，进入可配置的计算资源共享池（资源包括网络、服务器、存储、应用软件和服务），这些资源能够被快速提供，只需要投入少量的管理工作，或者与服务供应商进行少量的交互。

云计算是分布式计算、并行计算、效用计算、网络存储、虚拟化、负载均衡、热备份冗余等传统计算机和网络技术发展融合的产物。云计算通过网络"云"将巨大的数据计算处理程序分解成无数个小程序，并且通过多台服务器组成的系统处理和分析这些小程序，并将得到的结果返回给用户。简单来说，早期云计算就是简单的分布式计算，解决任务分发，并进行计算结果的合并。因此，云计算又称为网格计算。通过这项技术，可以在很短的时间内（几秒钟）完成海量数据处理，从而提供强大的网络服务。

现阶段所说的云服务已经不单单是一种分布式计算，而是分布式计算、效用计算、负载均衡、并行计算、网络存储、热备份冗余和虚拟化等计算机技术混合演进并跃升的结果。

"云"实质上就是一个网络。从狭义上讲，云计算就是一种提供资源的网络，使用者可以随时获取"云"上的资源，按需求量使用，并且可以看成是无限扩展的，只要按使用量付费即可。如果把"云"看作自来水厂，那么我们可以随时接水，并且不限量，按照自己家的用水量付费给自来水厂即可。

从广义上讲，云计算是与信息技术、软件、互联网相关的一种服务，这种计算资源共享池叫作"云"。云计算把许多计算资源集合起来，通过软件实现自动化管理，只需要很少的人参与，即可快速提供资源。也就是说，计算能力作为一种商品，可以在互联网上流通，可以方便地取用，且价格较为低廉。

总之，云计算不是一种全新的网络技术，而是一种全新的网络应用概念。云计算的核心概念就是以互联网为中心，在网络上提供快速且安全的云计算服务与数据存储，让每个使用互联网的用户都可以使用网络上庞大的计算资源与数据。

云计算是在信息时代继互联网、计算机之后的又一种革新。云计算是信息时代的一个大飞跃，具有很强的扩展性和可靠性，可以为用户提供一种全新的体验。云计算的核心是可以将很多的计算机资源协调在一起，使用户可以通过网络获取无限的资源，并且不受时间和空间的限制。

2.3.2　云计算的特点

1. 虚拟化技术

云计算最显著的特点是虚拟化突破了时间、空间的界限，虚拟化技术包括应用虚拟和资源虚拟两种。众所周知，物理平台与应用部署的环境在空间上没有任何联系，需要通过虚拟平台来对相应的终端进行操作以完成数据的备份、迁移和扩展等。

2. 动态可扩展

云计算具有高效的运算能力，在原有服务器基础上增加云计算功能能够使计算速度迅速提高，实现动态扩展虚拟化的层次，最终达到对应用进行扩展的目的。

3. 按需部署

计算机中包含许多应用、程序软件等，不同的应用对应的数据资源库是不同的，所以用户运行不同的应用需要较强的计算能力对资源进行部署，而云计算平台能够根据用户的需求快速配备计算能力及资源。

4. 灵活性高

目前，市场上的大多数信息技术资源、软件、硬件都支持虚拟化，如存储网络、操作系统和开发软硬件等。这些虚拟化要素可以统一放在云计算资源虚拟池中进行管理，由此可见，云计算的兼容性非常强，不仅可以兼容低配置机器、不同厂商的硬件产品，还能够通过外部设备获得更高性能的计算。

5. 可靠性高

服务器出现故障并不会影响计算与应用的正常运行。因为单点服务器出现故障可以通过虚拟化技术将分布在不同物理服务器上的应用进行恢复，或者利用动态扩展功能部署新的服务器进行计算。

6. 性价比高

将资源放在虚拟资源池中统一管理可以在一定程度上优化物理资源。用户不再需要昂贵、存储空间大的主机，而是可以选择廉价的计算机组成云，一方面可以减少费用，另一方面其计算性能不逊于大型主机。

7. 可扩展性

用户可以利用应用软件的快速部署条件快捷地扩展业务，如计算机云计算系统中出现设备故障，对于用户来说，无论是在计算机层面还是在具体运用层面均不会受到阻碍，可以利用计算机云计算具有的动态扩展功能来对其他服务器开展有效扩展，从而确保任务得以有序完成。对虚拟化资源进行动态扩展，不仅能够高效地扩展应用，还能够提高计算机云计算的操作水平。

2.3.3 实现云计算的关键技术

1. 体系结构

实现计算机云系统需要创造一定的环境与条件，尤其是体系结构必须具备以下关键特征。

第一，要求系统必须智能化，具有自治能力，在减少人工作业的前提下可以实现自动化处理平台智能地响应要求，因此云系统应该内嵌自动化技术。

第二，面对变化信号或需求信号，云系统要有敏捷的反应能力，所以对其架构有一定的敏捷要求。与此同时，随着服务级别和增长速度的快速变化，云计算同样面临巨大挑战，而内嵌集群化技术与虚拟化技术能够应对此类变化。

云计算平台的体系结构由用户界面、服务目录、管理系统、部署工具、监控和服务器集群组成。

（1）用户界面：用于云用户传递信息，是双方互动的界面。

（2）服务目录：用于提供用户选择的列表。

（3）管理系统：用于对应用价值较高的资源进行管理。

（4）部署工具：能够根据用户请求对资源进行有效的部署与匹配。

（5）监控：用于对云系统的资源进行管理与控制，并制定措施。

（6）服务器集群：包括虚拟服务器与物理服务器，隶属于管理系统。

2. 资源监控

云系统能够对动态信息进行有效部署，同时兼具资源监控功能，有利于对资源的负载、使用情况进行管理。

资源监控作为资源管理的“血液”，对保持整体系统性具有关键作用。一旦系统资源监管不到位，信息就会缺乏可靠性，如果其他子系统引用了错误的信息，就必然对系统资源的分配造成不利影响。因此，贯彻落实资源监控的工作刻不容缓。

在资源监控过程中，只要在各云服务器上部署代理程序便可进行配置与监管活动。例如，先通过监视服务器连接各云资源服务器，再以周期为单位将资源的使用情况发送至数据库，由监视服务器综合数据库有效信息对所有资源进行分析，评估资源的可用性，最大限度地提高资源信息的有效性。

3. 自动化部署

对云资源进行自动化部署是指在脚本调节的基础上实现不同厂商对设备工具的自动配置，用于减少人机交互比例，提高应变效率，避免超负荷人工操作等现象的发生，最终推进智能部署进程。

自动化部署是指通过自动安装与部署来实现计算资源由原始状态变成可用状态，能够划分、部署和安装虚拟资源池中的资源，使其能够为用户提供各类应用服务的过程，包括存储、网络、软件和硬件等。系统资源的部署步骤较多，自动化部署主要是利用脚本调用来自动配置、部署与配置各厂商设备管理工具，以保证在实际调用环节能够采取静默的方式来实现，避免了繁杂的人际交互，使部署过程不再依赖人工操作。

除此之外，数据模型与工作流引擎是自动化部署管理工具的重要部分，不容小觑。在一般情况下，对数据模型的管理就是将具体的软件和硬件定义在数据模型中的过程。而工作流引擎是指触发、调用工作流，以提高智能化部署为目的，善于将不同的脚本流程在较为集中与重复使用率高的工作流数据库中应用，这有利于减轻服务器的工作量。

2.3.4　云计算的未来

云计算能够通过互联网以最少的管理工作快速进行系统资源配置，以及随时访问更高级别的共享池。云计算的出现不仅可以使企业获得成本效益，还可以简化信息技术的管理和维护、内置安全性及部署模式等。基于这些优势，越来越多的企业开始使用云计算，以帮助其实现业务目标。

云计算的发展具有以下特点。

1. 重新定义服务模式

随着云计算的发展，云服务和解决方案将随之实现高速增长。2022 年，全球云计算市场规模为 4910 亿美元，增速为 19%；我国云计算市场规模为 4550 亿元，较 2021 年增长 40.91%。

现阶段的云计算是一种业务模式，服务提供商在定制的环境中处理客户的完整基础架构和软件需求。随着企业云服务的采用，云文件共享服务将会增加，而消费者云服务也将随之实现增长。在云计算领域，亚马逊领先于微软、IBM、谷歌及其他技术巨头。2022 年，亚马逊 AWS 的销售额达到了 801 亿美元。

2. 混合云成优选

2018 年以来，云到云连接不断增长。当前，多个云提供商都开放了平台上的 APIs，以便连接多个解决方案（API 有助于同步多学科和跨功能的流程）。通过允许数据和应用程序共享，从而实现公有云和私有云融合的云计算环境被称为混合云。为了满足业务需求，未来大部分企业将选择混合云，并进行大量定制，同时保留其内部解决方案。考虑到数据流的控制，内部部署是网络安全性更好的选择，因此，未来企业更加倾向于选择部署私有云+公有云。

3. 众包数据代替传统云存储

传统的云存储不安全、速度慢且成本高，Google Drive 和 DropBox 等众包数据存储应运而生。企业正在使用这种类型的存储来生成更多的众包数据。例如，谷歌和亚马逊正在为大数据、数据分析和人工智能等应用提供免费的云存储，以便生成众包数据。

4. 云安全支出剧增

云应用越多，云安全性将变得越脆弱，全球信息安全支出越多。在未来，云计算行业将期待更多网络安全公司提出新的云安全措施。

5. 物联网和云计算

物联网和云计算是不可分割的，万物互联过程中产生的大量数据需要利用云计算技术进行存储、加工、统计和分析等。

2017 年 12 月 3 日，在世界互联网大会上，亚马逊全球 AWS 公共政策副总裁迈克尔·庞克表示，随着物联网的发展，我们现在进入了一个万物互联的时代，数以万计的产业、行业通过互联网实现互联。现在有更多的物联网连接到云端，因此云计算将和物联网共同发展。

6. 实现无服务器

云计算的应用优势之一是无服务器，无服务器应用将为专注于网络安全和恶意软件防护的企业提供即时支付型付费模式。触发式日志、数据包捕获分析和使用无服务器基础架构的流量信息将变得更加普遍，中小型企业能够获得与大型企业同等的规模效益和灵活性。

云计算是信息技术发展和服务模式创新的集中体现，是信息化发展的重大变革和必然趋势，是信息时代国际竞争的制高点和经济发展新动能的助燃剂。云计算引发了软件开发部署模式的创新，成为承载各类应用的关键基础设施，并为大数据、物联网、人工智能等领域的发展提供基础支撑。据统计，中国云计算市场正以 30%左右的增速高速发展。

在中国云计算高速发展的趋势下，随着各企业业务的不断扩张，对于云计算的需求将趋于个性化。未来更多的企业将倾向于定制服务，即定制适合自身发展的云计算方案，这也势必成为未来市场的发展方向。

内容考核

思考题

1．举例说明哪些行业使用了大数据，你使用过哪些通过大数据分析得到的精准数据？
2．试列举当前大数据面临的机遇与挑战。
3．大数据存储阶段的工具有哪些？你最想学习哪些工具？
4．请写出某银行的贷款管理分析系统的设计流程。

第3章

走进人工智能的世界

内容介绍

人工智能是一项改变人类社会的技术，本章将介绍人工智能的定义、人工智能的概念性框架，并阐述其成功应用的领域。

任务安排

任务 1　初探人工智能

任务 2　机器学习与人脸识别

任务 3　构建智能创意项目设计方案

学习目标

✧ 明确人工智能的定义。

✧ 了解人工智能行业的基本发展历程、重要节点、标志性成果。

✧ 了解国内外知名人工智能企业的奋斗史和发展领域。

✧ 明确人工智能的应用场景。

任务1 初探人工智能

人工智能已经来到我们身边，几乎无处不在。

任务描述

学习本任务可以帮助我们认识人工智能，掌握人工智能的定义，以及了解人工智能的发展过程和未来发展趋势等。

在实施本任务时，由3～4人组成一个调研小组，确定人员分工，设计调研表格并对不同群体开展网络调研。本次调研涉及对人工智能的理解和认知，对人工智能的接受程度，对人工智能可能带来的威胁的了解，对现阶段人工智能技术发展瓶颈的了解，人工智能的发展历程及未来发展趋势等。通过对不同群体展开调研，使读者深刻理解人工智能的含义，综述人工智能技术给人们带来的变化。

任务分析

从1956年“人工智能”一词诞生至今，人工智能以迅雷不及掩耳之势风靡全球，成为一门广泛交叉的前沿学科。本次调研结果是否全面、准确且具有代表性，取决于很多因素，如受访者的年龄、职业、性别，调研问题的设计是否合理，调研结果的汇总与整理是否科学等。

知识准备

对人工智能有初步的认识和了解，能够进行调研问题的设计，以及调研表格的规划。

3.1.1 人工智能的定义

虽然人工智能在近几年取得了高速的发展，但是要给人工智能下一个准确的定义并不容易。这里简要列举一些有代表性的人工智能定义。

定义一：人工智能是研究、开发用于模拟、延伸和扩展人类智能的理论、方法、技术及应用系统的一门新的学科。人类日常生活中的许多活动，如数学计算、观察、对话、学习等，都需要“智能”。“智能”能看懂图片及视频，能与其他人进行文字或语言上的交流，不断地督促自我完善知识储备，它会写诗，会驾驶汽车，会开飞机。在人们的认知中，如果机器能够执行这些任务中的一种或几种，就可以认为该机器已经具有某种性质的“人工智能”。时至今日，人工智能定义的内涵已经被大大扩展，它涵盖了计算机科学、统计学、脑神经学、社会科学等诸多领域，是一门前沿的交叉学科，如图3.1所示。

定义二：人工智能就是根据对环境的感知做出合理的行动，并获得最大收益的计算机程序。该定义既强调人工智能可以感知环境并做出主动反应，又强调人工智能所做出的反应必须达到目标。

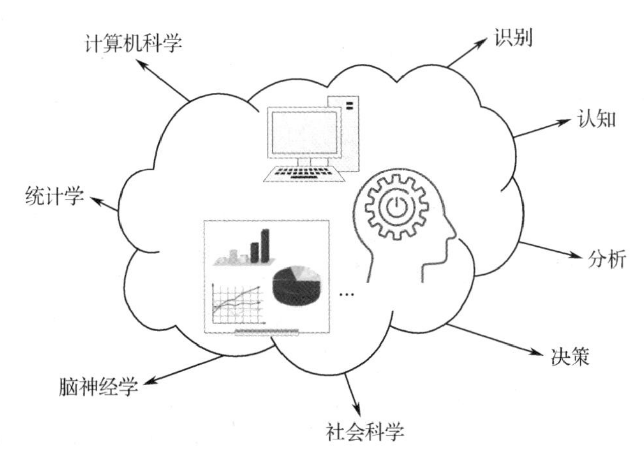

图 3.1　人工智能是一门前沿的交叉学科

定义三：人工智能是通过人类的工作产生的拥有智力和能力的事物，是由人类、想法、方法、机器和结果组成的，即人类先有想法，并把这些想法归纳总结成方法，再由机器来进行学习，最终掌握这些方法并产生有价值的结果。

定义四：从计算机应用系统的角度出发，人工智能是研究如何制造智能机器或智能系统来模拟人类智能活动的能力，以便延伸人类智能的科学。

人工智能的定义历经了多次改变。一些肤浅的、未能揭示内在规律的定义已经被研究者抛弃。以上列举了四种常见的偏重实证的人工智能的定义，具体使用哪一种定义，通常取决于我们讨论问题的语境和关注的焦点。

3.1.2　人工智能的历史

科学界有两个苹果最为人所称道，一个是砸在牛顿头上的苹果，另一个是结束了阿兰 • 图灵年轻生命的苹果。在美国《时代》周刊发表的《20 世纪最重要的 100 人》一文中，作者对阿兰 • 图灵给出了极高的评价："每一个在敲键盘、使用电子表格或文字处理软件的人都应该记住，我们都工作在一台图灵机上。"

图 3.2　阿兰 · 图灵

人物轶事：阿兰 • 图灵出生于 1912 年 6 月 23 日，去世于 1954 年 6 月 7 日，英国数学家、逻辑学家，被称为"计算机科学之父""人工智能之父"，如图 3.2 所示。他提出了"图灵机"和"图灵测试"等重要概念，是计算机逻辑的奠基者。美国计算机协会为了纪念阿兰 • 图灵在计算机领域的卓越贡献，于 1966 年设立一年一度的图灵奖，以便表彰在计算机科学中做出突出贡献的人，该奖项被称为计算机科学界的诺贝尔奖。

阿兰 • 图灵对机器的痴迷起源于他在孩童时期阅读的一本书——埃德温 • 坦尼 • 布鲁斯特所著的《儿童的自然奇迹》。书中提到"人体也是一种机器"，"它是一台极其复杂的机器，虽然比任何手工制作的机器都要复杂千万倍，但是其本质上仍然是一台机器……就像是汽车、轮船和飞机一样。”这本书打开了阿兰·图灵的科学视野，让他对人与机器之间的关系产生了浓厚的兴趣。

阿兰·图灵对机器的研究使他在密码解码机器领域也颇有建树，破译了德国著名的恩尼格玛密码机。

1950 年 10 月，著名的图灵测试被提出，在《计算机械与人工智能》论文中，阿兰·图灵更倾向于用“智能”而非“思考”一词来处理与机器相关的问题，寻求可操作方法来回答智能的问题，将功能（智能能做的事情）与实现（如何实现智能）分离，打开人工智能的大门。

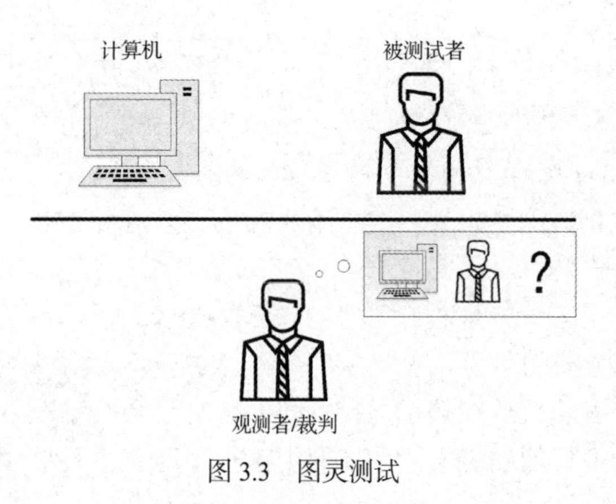

图 3.3　图灵测试

知识链接：图灵测试由计算机、被测试者和观测者组成。计算机和被测试者分别在两个不同的房间里。测试过程中由裁判提问，计算机和被测试者分别做出回答。观测者能通过电传打字机与机器和被测试者联系（避免要求机器模拟人的外貌和声音）。被测试者在回答问题时会尽可能表明他是一个真正的人，而计算机也将尽可能逼真地模仿人的思维方式和思维过程。如果裁判在听取他们各自的答案后，无法判断和自己交流的对象是机器还是人，就可以认为该计算机具有了智能，如图 3.3 所示。

1956 年，世界上第一次有关人工智能的研讨会——达特茅斯夏季人工智能研究会议召开。约翰·麦卡锡、马文·明斯基、克劳德·艾尔伍德·香农、艾伦·纽厄尔、赫伯特·亚历山大·西蒙等年轻科学家聚首，探讨了用机器模拟智能的一系列问题，并首次提出了“人工智能”一词作为本领域的名称。人工智能的名称和任务在本次会议上被确定下来，人工智能领域最初的成就和最早的一批研究者也因此出现，这正式标志着“人工智能”的诞生。

1956—1974 年，人工智能进入黄金时期，大量的资金被投入支持人工智能的研究和发展。这个时期聊天机器人 Eliza 被发明，第一次使用 Eliza 程序的人几乎都惊呆了，人们不敢相信自己的眼睛，Eliza 竟真的能够像人一样，与病人一聊就是十几分钟。赫伯特·亚历山大·西蒙在 1958 年断言：10 年之内计算机将在（国际）象棋上击败人类。在 1962 年，IBM 的阿瑟·萨缪尔开发的西洋跳棋程序战胜了一位盲人跳棋高手。

这个时期人工智能的身影出现在众多影视、小说作品里，同时埋下了一个隐患：虽然科学家们创造了多种多样的机器人，但是它们看起来像是漂亮的“玩具”，如何应用到工业产品中是一个尚待解决的技术难题。因此到了 20 世纪 70 年代，人工智能受到了各种批评，美国也不再投入更多经费，人工智能进入第一次寒冬（1974—1980 年）。

自此，人工智能的命运似乎一直浮浮沉沉。

1980—1989 年，人工智能因为专家系统再次处于繁荣兴盛时期。而后又因为商业化困难，在 1989—1993 年进入第二次寒冬。

1993—2006 年，因为统计学习理论的发展和支持向量机（SVM）等工具的流行，机器学习进入稳步发展的时期。1997 年，在对抗 Deep Blue 的后继者 Deeper Blue 的比赛中，卡斯帕罗夫以 2.5 : 3.5 的比分败北，国际象棋界为之震动，人们意识到在象棋游戏中人类已经很难战胜机器了。

2006 年，杰弗里 • 辛顿提出了 Deep Belief Nets（DBN），通过 Pre-Training 的方法使训练更深的神经网络成为可能。

2009 年，杰弗里 • 辛顿和微软研究院合作研究，在语音识别系统中首次使用了深度神经网络（DNN）来训练声学模型，使相对误识别率降低 25%。2012 年的 ILSVRC 评测更是让深度学习在学术界名声大噪。

2016 年，硬件层面出现了基于 GPU、TPU 的并行计算，算法层面出现了蒙特卡罗决策树与深度神经网络的结合。4 : 1 战胜李世石，在野狐围棋对战顶尖棋手 60 连胜，3 : 0 战胜世界排名第一的围棋选手柯洁，随着棋类游戏最后的堡垒——围棋也被 AlphaGo 所攻克，人类在完美信息博弈的游戏中已经彻底输给机器。随着近年来数据爆发式的增长、计算能力的大幅提升以及深度学习算法的发展和成熟，我们迎来了人工智能概念出现以来的第三次浪潮，如图 3.4 所示。

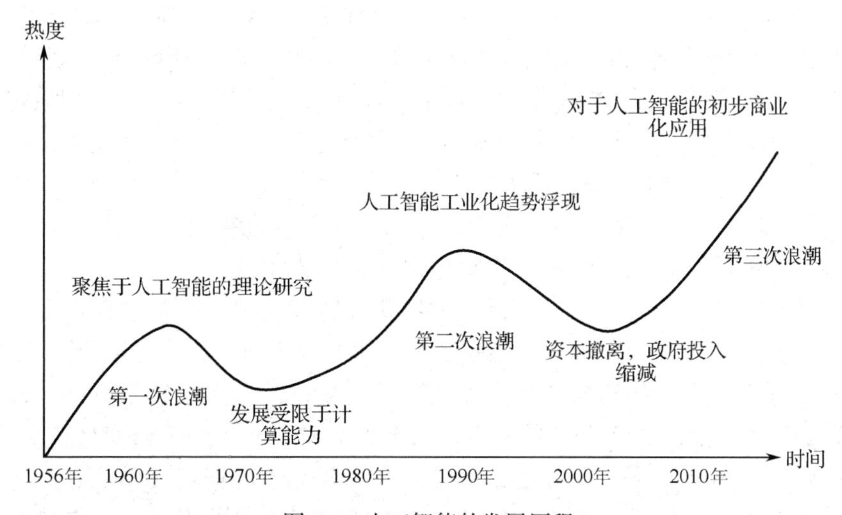

图 3.4　人工智能的发展历程

然而，这一次的人工智能浪潮与前两次有着明显的不同。基于大数据和具有强大计算能力的机器学习算法已经在计算机视觉、语音识别、自然语言处理等一系列领域中取得了突破性的进展，基于人工智能技术的应用也开始成熟。自此，人工智能进入爆发期，这一轮人工智能发展的影响已经远远超出学术界的范围，各路资本竞相投入，甚至国家层面的人工智能发展计划也相继出台。

如今，人工智能技术已经无处不在，从智能手机的智能语音助手、银行的智能客服机器人到客厅的智能音箱，人们在生活的方方面面都享受着人工智能技术带来的便利。

3.1.3 人工智能的现在和未来

随着技术水平的突飞猛进，人工智能终于迎来了黄金时代。回顾人工智能的发展历程，我们看到，首先，基础设施带来的推动作用是巨大的，人工智能屡次因为数据、运算能力、算法的局限而遇冷，突破的方式则是由基础设施逐层向上推动至行业应用。其次，游戏人工智能在发展过程中扮演了重要的角色，因为游戏中涉及人机对抗，能帮助人们更直观地理解人工智能并从中感受到触动，从而起到推动作用。最后，我们也必须清醒地认识到，虽然在许多任务上，人工智能都取得了匹敌甚至超越人类的结果，但是瓶颈还是非常明显的。例如，在计算机视觉方面，存在自然条件的影响（光纤、遮挡等）、主体的识别判断问题（从一幅结构复杂的图片中找到关注重点）；在语音技术方面，存在特定场合的噪声（车载、家居等）、远场识别等问题；在自然语言方面，存在理解能力缺失、与物理世界缺少对应、长尾内容识别（口语化、方言等）等问题。总的来说，现有的人工智能技术，一是依赖于大量高质量的训练数据；二是依赖于独立的、具体的应用场景，通用性较低。

从未来看，人们对人工智能的定位绝不仅仅是用来解决狭窄的、特定领域的某个简单、具体的小任务，而是使其真正地像人类一样，能同时解决不同领域、不同类型的问题，进行判断和决策，也就是所谓的通用性人工智能。具体来说，需要机器一方面通过感知学习、认知学习去理解世界；另一方面通过强化学习去模拟世界。前者使机器能够感知信息，并通过注意、记忆、理解等方式将感知信息转化为抽象知识，快速学习人类积累的知识。后者通过创造一个模拟环境，让机器通过算法融合交叉学科，持续性地优化知识。

2016 年 3 月，当 AlphaGo 战胜围棋世界冠军李世石时，我们都是历史的见证者。AlphaGo 的胜利标志着一个新时代的开启：在人工智能概念被提出 60 年后，我们真正进入了一个人工智能的时代。在这次人工智能浪潮中，人工智能技术将持续高速发展，最终深刻改变各行各业和我们的日常生活。发展人工智能技术的最终目标并不是要替代人类智能，而是通过人工智能增强人类智能。人工智能可以与人类智能互补，帮助人类处理许多能够处理但不擅长的工作，使人类从繁重的重复性工作中解放出来，转而专注于具有创造性的工作。有了人工智能的辅助，人类将会进入一个知识累积加速增长的阶段。人工智能在这一发展历程中，已经给人们带来了很多惊喜与期待。只要我们能够善用人工智能，相信在不远的未来，人工智能技术一定会实现更多的不可能，带领人类进入一个充满无限可能的新纪元。

任务 2 机器学习与人脸识别

任务描述

假设你在路上碰见了几位外国友人欲与其打招呼，如果能快速辨认对方的国家，那么既能避免“踩雷”做出不适宜的举止，又能选择对方喜欢的话题进行聊天。在日常生活中如何根据相貌特征快速地区分出日本人、泰国人、俄罗斯人和韩国人呢？如何应用人工智能技术解决上述问题？

任务分析

根据大量的观察总结出不同国别的相貌特征：中国人下颌适中，日本人长脸高鼻，韩国人眼小颧高，泰国人肤色暗沉，俄罗斯人肤白鼻挺等。在做出路人甲来自日本或者路人乙来自韩国的判断时，正是以这些特征（经验）作为依据的。区分不同国别的人也就是从大量的现象中提取反复出现的规律与模式。这个过程在人工智能中的实现方式就是机器学习。

在上述任务中，输入数据是一个人的相貌特征，输出数据是一个人的国别，在实际的机器学习任务中，输出的形式可能更加复杂。

知识准备

对人工智能技术包含的内容和应用场景有一定的认识和了解，能够选用恰当的方法根据已有的训练数据集推导出合适的模型，并根据得出的模型实现对未知数据集的最优预测。

3.2.1　人工智能的层次

如果要结构化地表述人工智能技术，那么从下往上依次是基础层、算法层、技术层、应用层，如图 3.5 所示。

图 3.5　人工智能的层次

其中，基础层包括计算机硬件、数据和云计算。回顾人工智能发展历程，基础层的每次发展都显著地推动了算法层和技术层的演进。从 20 世纪 70 年代的计算机兴起、80 年代的计算机普及，到 90 年代计算机运行速度和存储量的增加、互联网兴起带来的数据电子化，基础层均产生了较大的推动作用。到了 21 世纪，这种推动效果尤为明显，互联网大规模服务集群的出现、搜索和电子商务带来的大数据累积、GPU 和异构/低功耗芯片兴起带来的运算能力提升，促进了深度学习算法的诞生，掀起了人工智能这一次的浪潮。

算法层包括各类机器学习算法、深度学习算法、强化学习算法等。算法层是人工智能现阶段的核心层，目前大部分人工智能所应用的算法都是公开通用的，许多经典的算法都已经存在了十几年甚至更长时间。算法层有以下几个特性。

1. 基础性

算法是非常基础的理论，解决的是某一个理论领域的基础性问题。

2. 通用性

算法层的成果很多时候能够在多个细分领域应用，具有一定的通用性。

3. 持续性

程序语言本身会不断地进化，而算法本身具有一定的持续性。随着编程语言及工程技术的发展，一个算法的实现通常是持续优化的。

技术层解决的是具体类别的问题。这个层级主要依托运算平台和数据资源进行海量识别训练和机器学习建模，开发面向不同领域的应用技术，包括赋予计算机感知/分析能力的计算机视觉技术和语音识别技术、提供理解/思考能力的自然语言处理技术等。科技巨头谷歌、IBM、亚马逊、苹果、阿里巴巴、百度都在该层有深度布局。我国近年在技术层发展迅速，发展重点聚焦于计算机视觉、语音识别和语言技术处理领域，除了 BAT（网络上关于百度、阿里巴巴、腾讯三家公司的合称）等平台型科技企业，还出现了诸如商汤、旷视、科大讯飞等诸多独角兽公司。

应用层解决的是实践问题，是人工智能技术针对行业提供的产品、服务和解决方案，其核心是商业化。得益于人工智能的全球开源社区，应用层的门槛较低。所有的技术都是为了实现应用并创造价值，人工智能只有在适当的应用场景中才能发挥作用。我国应用层企业将人工智能技术集成到产品和服务中，从医疗、金融、教育、交通、安防、保险、制造等特定行业或场景切入。目前，应用层企业的规模和数量在我国人工智能产业链分布中占比最大，具有较大优势。

3.2.2 机器学习的发展历程

机器学习既然名为“学习”，那自然与人类的学习过程有某种程度的相似性。

例如，很多小朋友采用识字卡片来认字。从古代使用的“上大人、孔乙己”之类的描红本，到今天在手机、平板电脑等数码产品上教小朋友认字的识字卡片 App，最基本的思路就是按照从简单到复杂的顺序，反复展示每个汉字的写法，反复观察就能很容易地识别出来。

识字的过程看似简单，实则复杂。大脑在接受多次相似图案的刺激后，会为每个汉字总结出某种规律性的东西，再看到符合这种规律的图案时，就能识别出来。

同样，教计算机识字，采用的也是这个原理。计算机也需要先反复观察每一个字的图案，然后在计算机的处理器和存储器里总结出一个规律，再看到类似的图案，只要符合之前总结的规律，即可识别这个图案到底是什么字。

用计算机语言来说，计算机用来学习的、反复观察的图案叫作“训练数据集”。在训练数据集中，一类数据区别于另一类数据的不同方面的属性或特质，叫作“特征”。计算机在“大脑”中总结规律的过程，叫作“建模”。计算机在“大脑”中总结出的规律，就是我们常说的“模型”。而计算机通过反复观察，总结出规律，学会认字的过程，就叫作“机器学习”。

机器学习是计算机科学的子领域，也是人工智能的一个分支和实现方式。汤姆·米切尔在 1997 年出版的 *Machine Learning* 一书中指出，机器学习这门学科关注的是计算机程序如何随着经验积累，自动提高性能。从形式化的角度定义，如果算法利用某些经验使自身在特定任务上的性能得到改善，就可以说该算法实现了机器学习。而从方法论的角度定义，机器学习是计算机基于数据构建概率统计模型并运用模型对数据进行预测与分析的学科。

机器学习的基础理论主要涉及概率论、数理统计、线性代数、数学分析、最优化理论和计算复杂理论等，其核心要素是数据、算法和模型。机器学习是一门不断发展的学科，可以追溯到 20 世纪 50 年代以来人工智能的符号演算、逻辑推理、自动机模型、启发式搜索、模糊数学、专家系统以及神经网络的 BP 算法等。从学科发展过程的角度思考机器学习，有助于理解目前层出不穷的各类机器学习算法，机器学习的大致演变过程如表 3.1 所示。

表 3.1　机器学习的大致演变过程

机器学习阶段	年　份	主要成果	代表人物
人工智能起源	1936 年	自动机模型理论	阿兰·图灵
	1943 年	MP 模型	沃伦·麦卡洛克、沃尔特·皮茨
	1950 年	逻辑主义	克劳德·香农
	1951 年	符号演算	冯·诺伊曼
	1956 年	人工智能	约翰·麦卡锡、马文·明斯基等
人工智能初期	1958 年	LISP	约翰·麦卡锡
	1962 年	感知器收敛理论	弗兰克·罗森布拉特
	1972 年	通用问题求解	艾伦·纽厄尔、赫伯特·西蒙
	1975 年	框架知识表示	马文·明斯基
进化计算	1965 年	进化策略	英格·雷森博格
	1975 年	遗传算法	约翰·亨利·霍兰德
	1992 年	基因计算	约翰·柯扎
专家系统和知识工程	1965 年	模糊逻辑、模糊集	拉特飞·扎德
	1969 年	DENDRA、MYCIN	费根鲍姆、布坎南、莱德伯格
	1979 年	ROSPECTOR	杜达

续表

机器学习阶段	年 份	主要成果	代表人物
神经网络	1982 年	Hopfield 网络	霍普菲尔德
	1982 年	自组织网络	图沃·科霍宁
	1986 年	BP 算法	鲁姆哈特、麦克利兰
	1989 年	卷积神经网络	杨立昆
	1997 年	循环神经网络	赛普·霍普里特、尤尔根·施密德胡贝尔
	1998 年	LeNet	杨立昆
分类算法	1986 年	决策树 ID3 算法	罗斯·昆兰
	1988 年	Boosting 算法	弗罗因德、米迦勒·卡恩斯
	1993 年	C4.5 算法	罗斯·昆兰
	1995 年	AdaBoost 算法	弗罗因德、罗伯特·夏普
	1995 年	支持向量机	科林纳·科尔特斯、弗拉基米尔·万普尼克
	2001 年	随机森林	里奥·布雷曼、阿黛勒·卡特勒
深度学习	2006 年	深度信念网络	杰弗里·辛顿
	2012 年	谷歌大脑	吴恩达
	2014 年	生成对抗网络 GAN	伊恩·古德费洛

3.2.3 机器学习的分类

机器学习是一类自动从数据中分析规律，并利用规律对未知数据集进行预测的方法，可以分成以下几种类别。

1. 监督学习

监督学习是指从有标记的训练数据集中学习一个模型，并根据这个模型对未知样本进行预测，给定数据，最终预测这些数据的标签。其中，模型的输入是某个样本的特征，输出是这个样本对应的标签。

例如，小时候父母告诉我们某个动物是猫、狗或者猪，我们的大脑中会形成这个动物的印象（相当于模型构建），当面前跑来了一只新的小狗时，如果你能分辨出来“这是一只小狗”，那么恭喜你，标签分类成功！但如果你说“这是一头小猪”，那么这时你的父母就会纠正你的偏差，“不对，这是一只小狗”，这样持续地进行训练，不断地更新你大脑的认知体系，再遇到这些动物时，你就会给出正确的预测，如图 3.6 所示。

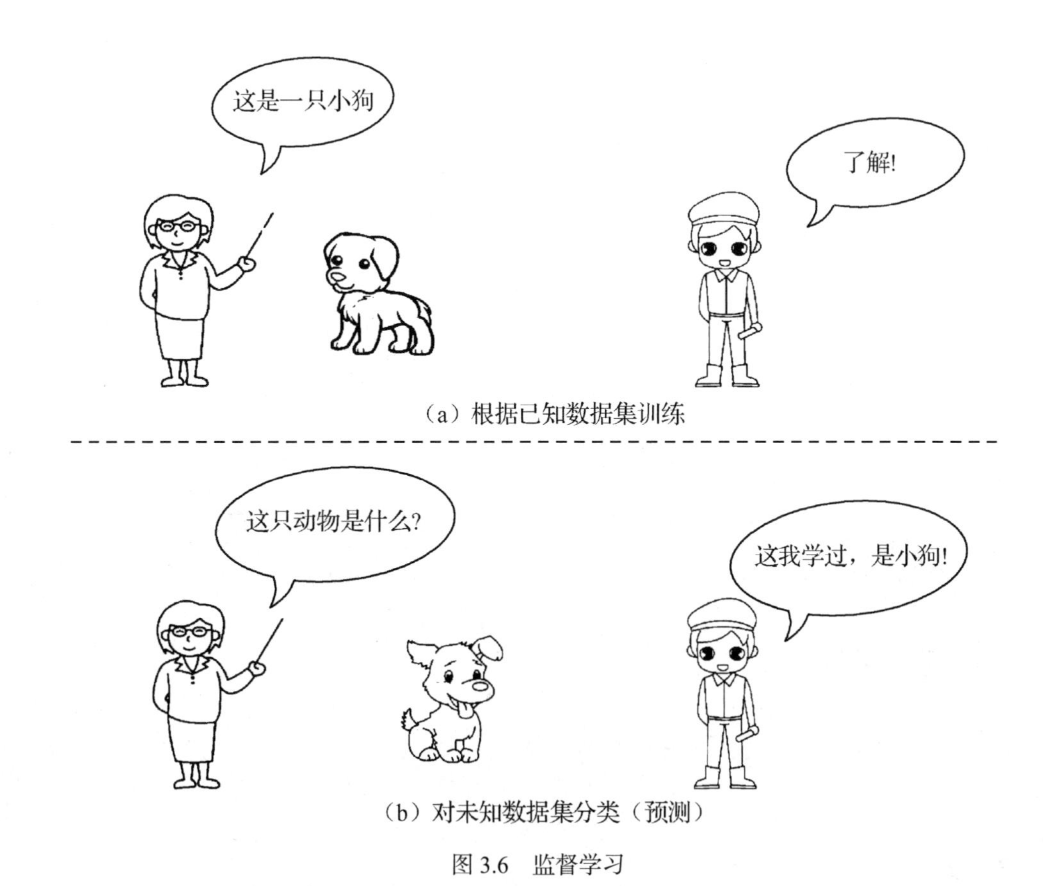

（a）根据已知数据集训练

（b）对未知数据集分类（预测）

图 3.6　监督学习

监督学习的典型应用场景是推荐、预测相关的问题。常见的监督学习算法包括回归分析和统计分类。监督学习包括分类和数字预测两个类别，前者包括逻辑回归、决策树、KNN、随机森林、支持向量机（SVM）、朴素贝叶斯等，后者包括线性回归、KNN、Gradient Boosting 和 AdaBoost 等。

2. 无监督学习

无监督学习又称为非监督学习，给定数据，从数据中发现信息，其输入是没有维度标签的历史数据，输出是聚类后的数据。

给定一个动物，要求能自动将其归类，你会怎么做呢？首先对认识的动物进行分类，将外形类似或者具有相同特征的动物用一个“类”来表示。当发现新的动物时，我们可以根据它距离哪个“类”较近，预测它属于哪个“类”，从而完成新数据的分类，如图 3.7 所示。

无监督学习的典型应用场景是用户聚类、新闻聚类等问题。常见的无监督学习算法有聚类和关联分析等，在人工神经网络中最常见的有自组织映射和适应性共振理论。

（a）在非标签数据集中归纳

（b）对未知数据集聚类（预测）

图 3.7　无监督学习

3. 强化学习

强化学习是指通过观察来学习做出什么样的动作，每个动作都会对环境有所影响，学习对象根据观察到的周围环境的反馈来做出判断。强化学习强调如何基于环境做出行动，以便取得最大化的预期利益。强化学习的输入是历史的状态、动作和对应的奖励，输出是当前状态下的最佳动作。与前两者不同的是，强化学习是一个动态的学习过程，而且没有明确的学习目标，对结果也没有精确的衡量标准。

许多控制决策类问题都是强化学习问题，比如计算机通过各种参数调整来控制无人机稳定飞行。

3.2.4　机器学习的一般流程

机器学习首先从业务的角度进行分析，然后提取并探查相关的数据，发现其中的问题，再依据各算法的特点选择合适的模型进行实验验证，评估各模型的结果，最终选择合适的模型进行应用，其一般流程包括以下几个步骤。

1. 定义分析目标

应用机器学习解决实际问题，首先要明确目标任务，这是选择机器学习算法的关键。只有明确要解决的问题和业务需求，才可能基于现有数据设计或选择算法。

2. 收集数据

数据要有代表性并尽量覆盖领域，否则容易出现过拟合和欠拟合。对于分类问题，如果样本数据不平衡，即不同类别的样本数量比例过大，就会影响模型的准确性。在收集数据时还要对数据的量级进行评估，包括样本数量和特征数量，可以估算出数据分析对内存的消耗，判断训练过程占用的内存是否过大，是否需要改进算法或使用一些降维技术及分布式机器学习技术。

3. 整理预处理

获得数据后，可以先对数据进行探查，了解数据的大致结构、数据的统计信息、数据噪声以及数据分布等。在此过程中，为了更好地查看数据情况，可以使用数据可视化方法或数据质量评价对数据质量进行评估。然后，对数据进行预处理，解决数据缺失、数据不规范、数据分布不均衡、数据异常、数据冗余等问题。机器学习中常用的预处理方法有归一化、离散化、缺失值处理、去除共线性等。

4. 数据建模

应用特征选择方法，可以从数据中心提取出合适的特征并将其应用于模型，以便得到较好的结果。特征选择是否合适，通常会直接影响模型的结果。在选择特征时可以应用特征有效性分析技术，如相关系数、卡方检验、条件熵、后验概率和逻辑回归权重等方法。

在训练模型前，一般会把数据集分为训练集、测试集和验证集，从而对模型的泛化能力进行评估。

模型本身没有优劣。在选择模型时，一般不存在对任何情况都表现良好的算法。在实际选择时，一般会用几种不同的算法来进行模型训练，然后比较它们的性能，从中选择出表现优秀的算法。需要注意的是，不同的模型使用不同的性能衡量指标。

5. 模型训练

在模型训练过程中，需要对模型参数进行调优。如果对算法原理理解得不够透彻，就无法快速定位能决定模型优劣的模型参数，所以在训练过程中，对机器学习算法原理的理解越深入，就越容易发现导致问题的原因，从而更容易确定合理的调优方案。

6. 模型评估

使用训练数据构建模型后，需要使用测试数据对模型进行测试和评估，测试模型对新数据的泛化能力。如果测试结果不理想，则需要分析原因并进行优化。如果出现过拟合，尤其是在回归类问题中，则可以考虑用正则化方法来降低模型的泛化误差。通过对模型进行诊断可以确定模型优化的方向和思路，常见的方法有交叉验证、绘制学习曲线等。过拟合、欠拟合判断是模型诊断中的重要步骤，过拟合的基本调优思路是增加数据量，降低模型复杂度。欠拟合的基本调优思路是提高特征数量和质量，增加模型的复杂程度。

误差分析是指通过观察产生误差的样本，分析产生误差的原因，一般的分析流程是依次验证数据质量、算法选择、特征选择、参数设置等。在一般情况下，调整模型后，需要重新训练和评估，所以机器学习模型的建立就是不断尝试，最终达到最优状态的过程。

7. 模型应用

模型应用与工程实现的联系紧密。模型在线上运行的效果直接决定了模型的好坏，不仅包括其准确度、误差等，还包括运行速度、时间、资源耗费程度、稳定性等。

3.2.5 深度学习

2006 年，杰弗里・辛顿和他的学生在 *Science* 杂志上发表了一篇文章，从此掀起了深度学习的浪潮。第三次人工智能浪潮源于深度学习的复兴。那么，到底什么是深度学习？为什么深度学习能使计算机变得更聪明？为什么深度学习与其他机器学习技术相比，能够在机器视觉、语音识别、自然语言处理、机器翻译、数据挖掘、自动驾驶等方面取更更好的效果？

深度学习是一种机器学习技术。深度学习通过使用多个隐藏层和大量数据来学习特征，从而提升分类或预测的准确性。与传统的神经网络相比，深度学习模型不仅在层数上增多，而且采用了逐层训练的机制来训练整个网络，以防出现梯度扩散。从数学本质上来说，深度学习与前面介绍的传统机器学习技术并没有实质性的差别，都是希望在高维空间中，根据对象特征，将不同类别的对象区分开来。传统机器学习技术的手动选取特征费时费力且需要专业知识，在很大程度上依赖于经验和运气。

简单来说，深度学习就是把计算机要学习的东西看作大量数据，先把这些数据丢进一个复杂的、包含多个层级的数据处理网络（深度神经网络）中，然后依据数据的原始特征，自动学习高级特征组合，最终检查经过这个网络处理得到的结果数据是不是符合要求。如果符合，则保留这个网络作为目标模型。如果不符合，则再次调整这个网络的参数设置，直到输出满意的结果。整个过程是端到端的，直接保证最终输出的是最优解，但中间的多个隐层是一个“黑箱”，我们并不确定机器提取出了什么特征，如图 3.8 所示。

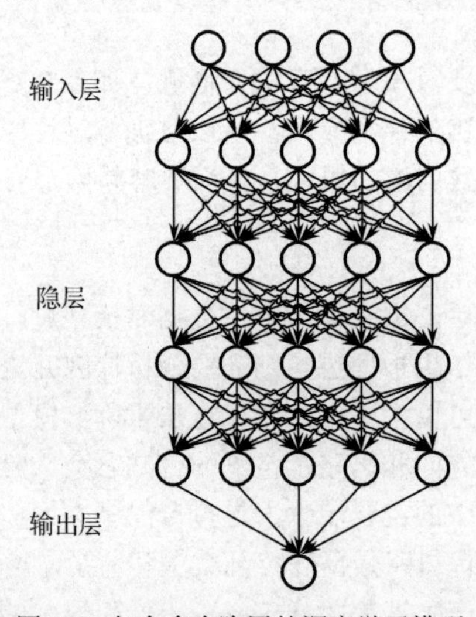

图 3.8 包含多个隐层的深度学习模型

深度学习包括受限玻尔兹曼机、卷积神经网络、层叠自动编码器、深度神经网络、循环神经网络、对抗神经网络以及各种变种网络结构。这些深度神经网络都可以对训练数据集进行特征提取和模式识别，并将其应用于样本的分类。

应用深度学习的方法进行分析时，需要注意训练集（用于训练模型）、验证集（用于在建模过程中调整和验证参数）、测试集的样本分配，一般采用的是 6∶2∶2 的比例。此外，深度学习对分析的数据量有一定的要求，如果数据量只有几百或几千条，则很可能会出现过拟合，其最终效果不如直接使用支持向量机等分类算法。

任务 3　构建智能创意项目设计方案

任务描述

刚进入大学的小明同学将与本校另外 4 名同学组队参加由人工智能学会主办的重量级赛事——第四届人工智能创新创业项目设计大赛。其中，入围决赛的小组可以获得项目投融资支持、实习与就业机会、企业游学交流对接服务。本次比赛主要分为两大类。“AI+”创意设计项目组，本组比赛项目要求参赛者围绕“智能改变生活，创意提升品质”这个主题，提交参赛团队的智能创意设计方案。“AI+”技术及算法实践项目组，本组比赛项目要求参赛者围绕“技术驱动变革，智能改变生活” 这个主题，提交能提升系统性能及拓展行业应用的智能技术与算法实践方案。

团队成员结合自身专业能力和背景最终决定参加“AI+”创意设计项目组的比赛。

任务分析

比赛对构建智能创意项目设计方案的要求有：对人工智能产业发展的热点领域有清晰的认识，对我国人工智能产业的发展有一定的展望；足够了解人工智能技术在产业应用中的现状；能够结合当前研究热点提出有较大投资价值的产品、技术和商业模式等内容。此外，比赛要求参赛者能够立足时代，融入生活；要求参赛项目逻辑清晰，实战性强。

知识准备

了解人工智能在生活中有哪些表现形式，学习大量优秀的人工智能应用落地案例，为打造智能创意项目提供可以借鉴的经验。

3.3.1　人工智能为社会带来进步

从苹果 Siri、微软小娜到网易云音乐的智能推送，从无人驾驶到智能家居，人工智能早就以各种各样的形式进入了大众的生活，并带来了一系列的变化。

人工智能从诞生以来，理论和技术日益成熟，应用领域也不断扩大，从实际应用的角度来说，人工智能最核心的能力就是根据给定的输入做出判断或预测。例如，在人脸识别应用中，它能够根据用户输入的照片，判断照片中人物的身份；在语音识别应用中，它可以根据音频信号，判断语音的具体内容；在医疗诊断应用中，它可以根据输入的医疗影像，判断疾病的成因和性质；在电子商务网站应用中，它可以根据一个用户的历史购买记录，预测这位用户对什么商品感兴趣，从而做出相应的推荐；在金融应用中，它可以根据一只股票的历史价格和交易信息，预测其未来的价格走势；在围棋对弈应用中，它可以根据当前的盘面形势，预测选择某个落子的胜率。可以说，当代人工智能已经与各行各业广泛结合了。

近几年，人工智能技术在实体经济中寻找落地应用场景成为核心要义，它与传统行业经营模式及业务流程产生了实质性的融合，智能经济时代的全新产业版图初步显现，据头豹研究院测算，2022 年中国人工智能行业市场规模为 3716 亿元，预计 2027 年将会达到 15372 亿元，如图 3.9 所示。

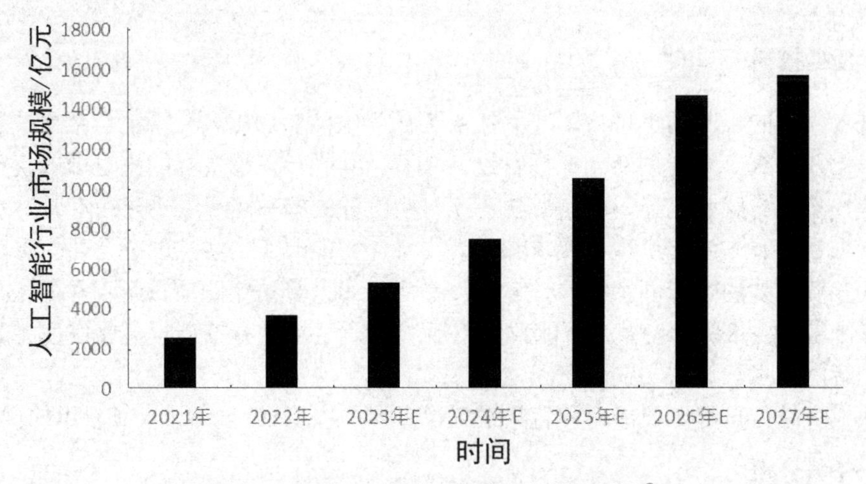

图 3.9 中国人工智能行业市场规模及预测[①]

3.3.2 人工智能产业

2017 年 3 月，“人工智能”首次被列入政府工作报告。随着各大科技巨头纷纷加大对人工智能的研发投入，大量以“人工智能”为卖点的产品如雨后春笋般出现在市场上。

人工智能已经融入了人们的生活，变得无处不在。目前，谷歌、微软、苹果、亚马逊、Facebook 这五大巨头无一例外地投入了越来越多的资源来抢占人工智能市场。国内互联网领军者 BAT 也积极布局人工智能产业。

1. 谷歌与无人驾驶

无人驾驶技术是指在没有人为干预的情况下实现汽车驾驶，它是汽车产业与人工智能、物联网、高性能计算等新一代信息技术深度融合的产物，是当前全球汽车与交通出行领域

① 图 3.9 中的“E”表示预测数据。

智能化和网络化发展的主要方向。

谷歌于 2009 年启动了自动驾驶汽车计划，2016 年 12 月，谷歌自动驾驶团队独立出来成立了 Waymo 公司，谷歌的无人驾驶技术在过去若干年中始终处于领先地位，不仅取得了在美国数个州合法上路测试的许可，也在实际路面上累积了上百万千米的行驶经验。2018 年 7 月，Waymo 公司宣布其自动驾驶车队在公共道路上的路测里程已经达到 800 万英里。

美国加州汽车管理部门的《2018 年自动驾驶接管报告》显示，Waymo 公司排名第一，平均每跑 17846.8km 需要人工接管一次。我国的小马智行和百度居第五和第七。2019 年报告显示，Waymo 和 Cruise 依然强悍，但百度出人意料地反超 Waymo 占据了当年头把交椅，每两次人工干预之间行驶的平均里程数为 18050 英里。2021 年自动驾驶行驶里程数最高的是 Waymo，行驶里程数达到 232 万英里；排名第二的是 Cruise，为 87 万英里；我国的小马智行行驶里程数为 30 万英里，排名第三；亚马逊收购的自动驾驶 Zoox 排名第四，行驶里程数为 15.5 万英里；美国的 Nuro、我国的文远知行和 AutoX 紧随其后。

由于系统故障或交通、天气和道路出现的特殊情况，自动驾驶汽车需要脱离自动驾驶模式（接受人工接管），并交给人工驾驶员控制。有人将人工接管次数作为判断自动驾驶技术好坏的标准。技术越好，接管干预次数越少；技术越差，接管干预次数越多。

无人驾驶技术面对的问题和人类驾驶汽车面对的问题是一样的，不同的是决策者从人类变更为机器，驾驶时面临的问题有以下几方面。

（1）此时在哪里。

这个问题与简单的 GPS 定位问题有所不同，是综合了地点、路况、当地交通规则以及道路特性等方面的问题，即地图和实时道路信息的综合问题。人工驾驶员依靠 GPS 给出的路况播报和当地路标指示解决该问题，无人驾驶技术则依靠 GPS 和传感器给出的实时道路信息解决该问题。

（2）周围有什么。

对于周围的行人、障碍物、机动车、非机动车等障碍物，人工驾驶员可以通过肉眼获知，无人驾驶技术则通过汽车的传感器不断地对周围事物进行扫描来感知周围事物的存在状态。

（3）接下来会发生什么。

已知综合路况信息后，人工驾驶员可以通过经验判断接下来会发生的事，无人驾驶技术则通过人工智能技术对路况信息进行深度学习后所具有的预判能力来解决该问题。

（4）应该如何处理。

做出预判后，人工驾驶员会根据经验选择最优的驾驶方案，无人驾驶技术也是如此，不同之处在于发出决策的对象从人变成了人工智能的精确算法。

由此可见，无人驾驶的决策流程在本质上与人工驾驶的决策流程是一致的，只不过核心部位从人脑变成了人工智能。无人驾驶技术能够获得大众的青睐不仅因为其新奇有趣，而且因为它能够带来更好的交通效益、社会效益和人机关系。

无人驾驶技术的交通效益主要体现在交通安全性方面。研究显示，94%的交通事故是由人为操作失误造成的，其中包括酒后驾驶、疲劳驾驶等。无人驾驶技术杜绝了人为操作，也就从根本上减少了这些事件的发生。

无人驾驶技术的社会效益体现在减少交通事故带来的经济损失方面。调查显示，每年交通事故带来的经济损失高达 5940 亿美元，无人驾驶技术通过减少交通事故可以大大减少这部分经济损失。

无人驾驶技术在人机关系方面的优势主要表现在降低不适宜驾车人群的比例。例如，通过降低视力不佳人士和年长人士的驾车比例，无人驾驶技术能够大幅度降低其他交通参与者的安全风险，大大提高交通安全性。

根据 KPMG（毕马威）的评估数据，到 2030 年无人驾驶技术可以使全球车祸死亡人数降低 25%。而英特尔公司的报告显示，无人驾驶汽车的市场规模将在 2050 年达到 7 万亿美元，这意味着无人驾驶技术拥有巨大的市场应用前景。由此可见，作为新兴技术产业，无人驾驶绝不是毫无用处的科技幻想，而是拥有明确市场需求的新兴领域。人工智能在无人驾驶技术上的延伸，一定会给人们的生活带来更多便利。

2. 科大讯飞与人工智能翻译

随着世界各国（地区）的交流日益频繁，语言障碍因此显得极为突出。突破语言障碍，实现语言互通，成为当务之急。而且，随着我国人民生活水平的提高，出国旅游的人越来越多，语言障碍也成为主要问题。

在语言翻译上，机器翻译由来已久，但由于译文死板、翻译速度慢、可选语种较少等原因为人所诟病。在将人工智能技术运用到翻译领域后，机器翻译终于可以和人工翻译一较高下，共同解决日常生活中的语言障碍问题。

科大讯飞的“晓译”翻译机运用人工智能技术实现了智能翻译，其 2.0 版本已经支持 33 种语种翻译，几乎囊括了人们出国旅游的所有热门地区的语种。讯飞翻译机是科大讯飞旗下的语言互译类产品，有讯飞翻译机 3.0、讯飞翻译机 3.0Lite 特别款和讯飞翻译机 2.0 几个主要版本，支持 59 种语言互译，可翻译语言覆盖全球近 200 个国家和地区。2018 年博鳌亚洲论坛官方首次采用了科大讯飞的人工智能翻译机，在 2023 年博鳌亚洲论坛上，科大讯飞推出了讯飞翻译机 2.0。

科大讯飞执行总裁刘庆峰认为，人工智能技术正越来越有温度地走到我们身边，开始改变世界。以智能翻译机为契机，人工智能正在不断地助力地球村的形成。

在科大讯飞的新品发布会上，上海外国语大学高级翻译学院副院长吴刚博士表示，利用好机器翻译，能够把翻译人才从那些没有创造性的翻译中解放出来，从而可以将更多的精力投入到更有创造力的活动中。

除了亲民的翻译机，人工智能技术正在中华文化对外传播方面产生更大的应用价值。中国外文出版发行事业局与科大讯飞公司已经签署战略合作协议，以人工智能技术为基础搭建翻译平台，包括人工智能翻译平台和人工智能辅助翻译平台（即人机结合的辅助翻译平台），推动我国翻译产业快速发展和中华文化对外传播。

中国外文出版发行事业局前副局长方正辉表示，对外翻译是我局的鲜明特色和核心优势，我们承担了新时代对外宣传的基础性、战略性翻译任务。当前，翻译行业正进行数字革命，中国外文出版发行事业局与科大讯飞公司进行战略合作，就是要探索运用人工智能技术推动翻译产业发展，对外讲好中国故事，让世界聆听我们的声音。

2020 年，基于在认知智能领域的前瞻攻关，以及将技术规模化落地应用取得的显著成效，科大讯飞认知智能国家重点实验室团队获得中国青年的最高勋章——“中国青年五四奖章”。2021 年，科大讯飞“语音识别方法及系统”发明专利荣获第二十二届中国专利金奖，这也是国内知识产权领域的最高奖项。2021 年年度，科大讯飞人工智能核心技术持续突破，“根据地业务”深入扎根，源头技术驱动的战略布局成果持续显现；全年实现营业收入超过 183 亿元，扣非归母净利润 9.79 亿元，经营规模和经营效益同步提升，在关键赛道上“领先一步到领先一路”的格局持续深化，公司经营收获良好开局

人工智能在翻译领域的应用，大大降低了各国之间文化交流的语言障碍，让更多的人能够轻松地学习各国文化知识。现在机器翻译还无法完全代替人工翻译，但人工智能正在迅速弥补二者之间的差距。随着人工智能翻译软件的不断优化，机器翻译的时代终将到来。

3. 阿里巴巴与智能音箱

随着人工智能应用领域的不断扩大，智能终端的形态也越来越多。在人们的家居生活方面，智能音箱的出现给智能生活带来了新体验。

智能音箱是升级的音箱。在结合人工智能技术后，智能音箱能够实现用户直接通过语音上网，完成诸如点播歌曲、上网购物等任务。此外，智能音箱还可以帮助用户对其他智能家居设备进行控制，如定时打开窗帘、设置冰箱温度、定时开启或关闭空调等。

智能音箱的杰出代表是 2014 年年底亚马逊推出的一款智能蓝牙音箱 Echo。在植入智能语音交互技术后，传统音箱获得了人工智能的属性，摇身一变升级成了 Echo 智能音箱。Echo 在接收用户的语音指令后，经过语音助手服务 Alexa 的处理，能为用户完成网上购物、打车、订购外卖等任务。

BAT、京东、小米等国内巨头的入局对智能音箱在我国的普及起到了至关重要的作用。几番博弈发展至今，中国已经逐步成为全球市场主力军，出货量已经跃居全球第一。根据知名数据机构 Canalys 的报告显示，2020 年第一季度中国市场智能音箱出货量全球占比 51%，首次超过美国，成为全球最大的智能音箱市场。根据 AVC 2019 智能音箱 H1 报告显示，2019 年上半年中国智能音箱市场销量为 1556 万台，同比增长 233%。

Euromonitor International 在调研报告中指出，在 2019 年前三季度销量中，天猫精灵、小米和百度三大智能音箱品牌在中国市场集中度高达 93%，天猫精灵占比 38%，已成长为国内销量第一的智能音箱品牌。

阿里巴巴与人工智能实验室推出的天猫精灵 X1 不仅具有“听”和“说”的功能，还可以通过声纹识别技术分辨家里的每一个人，既保证用户在使用过程中的安全性和私密性，也使语音支付多了一重安全保障。2018 年，阿里巴巴实验室更新发布了 AliGenie2.0 系统，使天猫精灵在原有的语音交互基础上具有了视觉认知功能。天猫精灵除了提供音箱的播放功能，还提供其他的智能服务，包括智能通话、多台同播、就近唤醒、音乐音频、IoT 控

制、声纹购物、亲子教育、生活助手等。

从技术层面上讲，智能音箱的实现主要包括自动语音识别、自然语言理解、内容推荐算法这三项技术。这在很大程度上影响了智能音箱对用户指令的分辨率、理解率以及实现相应功能的用户满足率。而天猫精灵的自研技术与这些内容十分契合。Analysys 调查显示，四成消费者选择天猫精灵，除了品牌影响力，语音识别技术是主因，留给消费者操控方便印象最深的也是天猫精灵。

与其他场景（如户外、办公场所等）不便于使用语音交互技术控制智能产品不同，家庭环境适合使用语音交互技术。因此，当智能音箱作为智能家居的控制中心出现时，它能够为人们的家庭生活带来便利。有了智能音箱，人们可以语音控制所有的智能家居产品，并且结合第三方智能服务为用户带来更便捷的生活体验，这显然是非常理想的智能生活，也是智能音箱销量一路上升的原因。

4. 海尔与智能家居

近年来，随着人工智能技术的赋能，智能家居产业迅速发展，生态逐步完善并趋于成熟，美好的智慧新生活也似乎成为可能。总体来看，全球智能家居发展态势良好。

市场研究咨询公司 MarketsandMarkets 近期发布的报告显示，全球智能家居市场规模在 2022 年达到 1220 亿美元，2016—2022 年年均增长率为 14%。根据市场研究公司 GfK 对 7 个国家的研究报告，超过半数人认为在未来几年智能家居会对他们的生活产生影响。已经公布的数据表明，逾五成的用户表现出对智能家居的兴趣，与移动支付处于同一水平，远远超过可穿戴设备等其他选项。伴随着语音识别、深度学习等人工智能技术的成熟，在新技术与智能家居的融合之下，产品类别增多、系统生态逐步成熟、用户市场普及率提高是大势所趋。

智能家居在我国的起步相对美国、日本等发达国家要晚，发展过程并非一帆风顺。智能家居在我国的发展经历了 4 个阶段，分别是萌芽期、开创期、徘徊期、融合演变期。

1994—1999 年，是我国智能家居萌芽期，行业处于概念熟悉、产品认知阶段。2000—2005 年，是我国智能家居开创期，先后成立数十家研发企业，营销、技术培训体系逐步完善。2006—2010 年，是我国智能家居徘徊期，用户与媒体开始质疑实际效果，国际品牌开始布局国内市场。2011 年至今，居民家庭对智能化设备的需求扩大，同时受到房地产行业调控的影响，行业并购现象增多，行业进入了融合演变期，如图 3.10 所示。

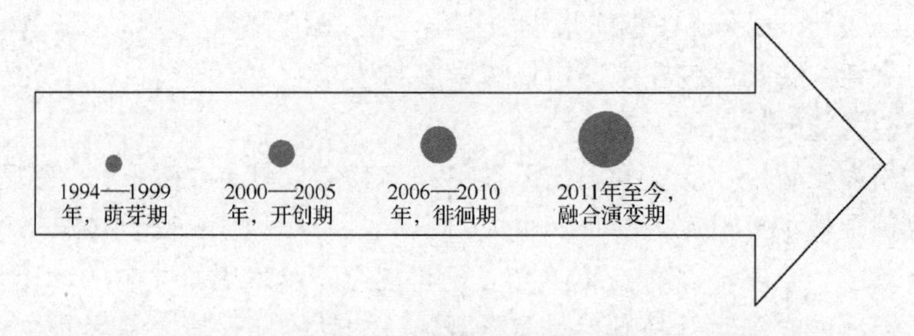

图 3.10　智能家居的发展阶段

根据中商产业研究院的研究，2017 年我国智能家居设备市场规模仅 1.14 亿台，2019

年我国智能家居设备市场出货量突破 2 亿大关，达到 2.08 亿台，较 2018 年增长 33.5%。2021 年我国智能家居设备市场出货量超过 2.2 亿台，2022 年出货量约 2.6 亿台，预计到 2026 年突破 5 亿台。

智能家居行业的发展促进了智能家居设备制造企业逐步加大投入和研发力度，重视消费市场调研，研发生产出符合我国实际的智能家居设备，促进行业的发展和成熟。

2016—2020 年，我国智能家居市场规模由 2608.5 亿元增至 5144.7 亿元，年均复合增长率为 18.51%。中商产业研究院预测，2023 年我国智能家居市场规模可达 7157.1 亿元，如图 3.11 所示。

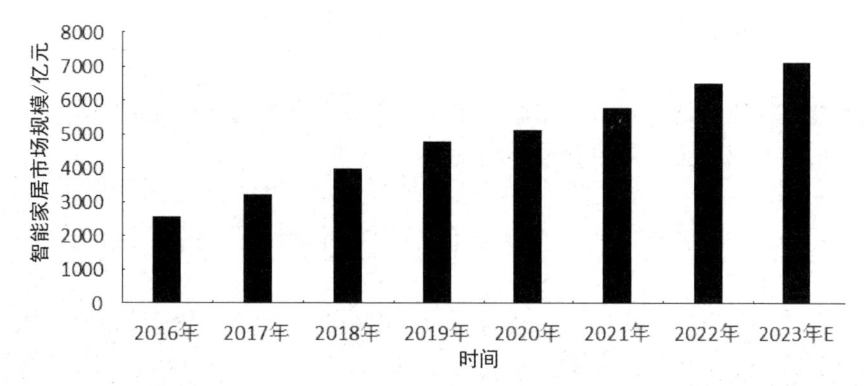

图 3.11　2016—2023 年中国智能家居市场规模统计

智能家居概念的起源甚早，但一直未有具体的建筑案例出现，直到 1984 年美国联合科技公司将建筑设备信息化、整合化概念应用于美国康涅狄格州哈特佛的 CityPlaceBuilding 时，才出现了首栋智能型建筑，从此揭开了全世界争相建造智能家居的序幕。

从本质上讲，智能家居并非某些具体的家居设备，而是指一整套能够控制从安防到通信、从照明到采暖等各种细节的智能控制系统。与普通家居相比，智能家居不仅具有居住功能，还能为住户提供设备自动化、网络通信和远程控制等一系列功能。

智能家居从最初的灯光控制、窗帘遥控逐渐发展到家庭安防警报、指纹开锁、设备联动等各个环节，其内涵变得越来越广泛，几乎涵盖所有家庭弱电设备。市场上的智能家居品牌越来越多，大型家居品牌也加大了在智能家居产业的市场投入。

从我国的情况来看，当前智能家居市场的竞争格局逐渐明朗，市场上大致存在 4 种竞争力量。第一种为传统的家电厂商，代表为美的、海尔等公司，在原有产品上进行智能化改造，并推出了相关智能家电产品和平台产品，如海尔推出了 U+智慧生活开放平台。此类公司主要靠硬件收入盈利。第二种为互联网巨头公司，如 BAT 等，已经在软硬件、服务、内容等系列领域中进行布局，并与传统家电厂商加强合作，如腾讯推出企鹅智慧社区 SaaS 系统，意图抢占智能家居线下市场及智慧社区市场。阿里“联姻”美的，利用电子商务渠道与云服务实力，欲改变智能家居的生态格局。此类公司整体呈现跨界融合的趋势，商业模式也朝着多元化的方向发展。第三种为优秀手机硬件企业，如华为、小米等。2023 年，华为推出智能化场景的全屋智能解决方案，基于 5G、AI、云计算等先进技术，致力于培育万亿级的智能家居产业。此类公司通常定位明确，清楚自身优、劣势，致力于合理布局智能家居的相关产品和服务。第四种为其他公司，如运营商、视频网站等。运营商主要借助网络运营的优势，布局相关软硬件和智能应用产品。视频网站则主要以智能电视为载体，通过收取内容服务费等方式经营。

海尔作为家电行业的优势品牌，对智能家居的研发也深入到了各个方面。海尔智能家居以 U-home 系统为平台，以人工智能作为技术支撑，通过语音语义理解、图像识别、衣物识别、人脸识别的交互入口，把所有家居设备通过信息传感设备与网络连接，可以通过打电话、发短信、上网等方式与家中的电器互动。

从海尔的智能家居体系中可以看出，智能家居的核心在于家庭智能终端。海尔的智能家居终端具有以下功能。

（1）远程控制。

智能家居终端支持通过远程的电脑、电话、手机等设备进行远程控制，用户可以在外实现对家中的热水器、空调等电器的远程调节。

（2）远程查询。

智能家居终端支持用户远程访问、查询电器的工作状态，避免资源浪费和安全隐患。

（3）电器的集中统一控制与管理。

智能家居终端的互联可以方便地解决电力分配等能源供应问题，合理调配大功率电器的协调运行。

（4）故障信息自动判断与反馈。

当电器出现故障时，智能家居终端可以自动判断故障并反馈到厂家服务中心的计算机系统中，联系售后为用户提供维修服务。

（5）生活模式控制。

智能家居终端可以通过自主学习掌握用户的生活规律和生活习惯，并形成家居设备启停的参考时间表，在合适的时间自动改变设备运行状态，从而方便人们的日常生活。

5. 智能机器人

机器人曾经屡屡出现在科幻作品中，20 世纪中叶，第一台工业机器人在美国诞生。如今，随着计算机、微电子等信息技术的快速进步，机器人技术的开发速度越来越快，智能化程度越来越高，应用范围也得到了极大的扩展。预计到 2025 年，全球 14%的家庭将拥有家用智能机器人。随着材料科学、感知人工智能以及 5G、云等网络技术的不断进步，将出现护理机器人、仿生机器人、陪伴机器人、管家机器人等形态丰富的机器人，服务于家政、教育、健康服务等行业，带给人类新的生活方式。

机器人是指由仿生元件组成并具备运动特性的机电设备，具有操作物体以及感知周围环境的能力。

虽然国际上没有统一的标准，但是一般可以按照应用领域、用途、结构形式以及控制方式等标准对机器人进行分类。按照应用领域的不同，机器人当前主要分为两种，即工业机器人和服务机器人，如图 3.12 所示。

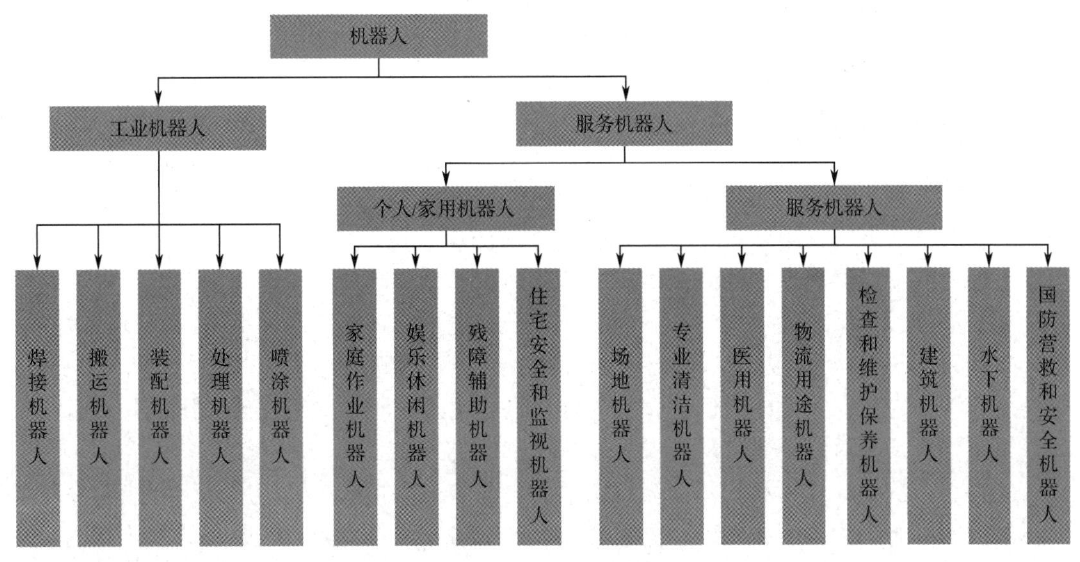

图 3.12　机器人的分类

1987 年，国际标准化组织对工业机器人进行了定义："工业机器人是一种具有自动控制的操作和移动功能，能完成各种作业的可编程操作机。"作为机器人家族中的新生代，服务机器人尚没有一个特别严格的定义，各国学者对它的看法也不尽相同。其中，认可度较高的定义来自国际机器人联合会："服务机器人是一种半自主或全自主工作的机器人，它能完成有益于人类健康的服务工作，但不包括从事生产的设备。"我国在《国家中长期科学和技术发展规划纲要（2006—2020 年）》中对服务机器人的定义是："智能服务机器人是在非结构环境下为人类提供必要服务的多种高技术集成的智能化装备。"

基于世界机器人大会主论坛上的内容分享，我国已经成为全球机器人重要的生产基地和消费市场。我国机器人产业发展呈现以下特点：研发能力需要进一步增强，还需要加强人才队伍建设，投入更多的研发力量和时间精力；智能升级势在必行，随着国内劳动力总人口的比例迅速下降，未来将面临严重的劳动力短缺现象，目前最有效的方法就是进行自动化升级改造；服务机器人发展迅猛，人口老龄化和劳动力成本剧增，其他社会刚性需求增多，在这样的社会背景下，服务型机器人的普及成为必然。

3.3.3　人工智能+农业

有数据显示，预计到 2050 年，全球人口将达到 90 亿，粮食需求必然大幅增长。未来的粮食产量至少要达到现在的两倍才能满足人们的粮食需求。然而，全球变暖和城镇化发展带来的土地资源和水资源短缺等不利因素制约着粮食产量的提高，粮食增产相当困难。那么，如何在耕地资源有限的条件下增加粮食产量呢？人工智能与农业的融合可以作为解决办法之一。

由于农业的信息化、数字化基础薄弱，因此人工智能在农业中的成长壮大还需要一段积累数据和调整算法的培育期，并随着农业数字化程度的逐步提升以及农业企业、农业规模户对“AI+农业”产品服务的认可而迎来新的发展。

人工智能在农业上的典型表现有以下几种。

1. 土壤及农作物检测

人工智能利用设置在田地里的摄像头和传感器等设备，收集田间农作物的生长状况以及田间微气象数据（如温度、湿度等），进行实时分析。如果发现杂草过多，影响了农作物正常生长，系统就会自动提醒农户进行除草。当农作物间的空气湿度和土壤湿度低于农作物需要的湿度时，系统就会自动开启灌溉装置进行浇水，还能联网并根据网站信息智能查询未来几天的天气状况，从而调整合适的水量。当土壤的肥力低下，影响农作物的生长时，系统就会帮助农户在正确的时间、正确的地点进行精确施肥。如果发现农作物有疾病和虫害，系统就会及时对症下药，从而大大提高农作物的产量。

生物学家戴维·休斯和农作物流行病学家马塞尔·萨拉斯曾经运用人工智能的深度学习算法检测农作物的疾病和虫害。他们将关于农作物叶子的 5 万多张照片导入计算机，并运用相应的深度学习算法开发了一款 App——Plant Village。在该款 App 中，农户可以将在符合标准光线条件及背景下拍摄出来的农作物照片上传，系统能智能识别出农作物所患疾病和虫害，程序的正确率高达 99.35%。此外，该款 App 上还有用户和专家交流的社区，农户可以咨询专家有关农作物所患疾病和虫害的解决方案。

德国 PEAT 公司开发了一款名为 Plantix 的深度学习 App，如图 3.13 所示。据报道，Plantix 能识别农作物的潜在缺陷及营养不良，能够针对特定植物模式与某些土壤缺陷及植物病虫害展开相关性分析。该款图像认知应用能通过用户智能手机的摄像头采集的图像识别出潜在缺陷，并会向用户提供土壤修复技术、建议及其他可行的解决方案。

图 3.13　Plantix

2. 农业机器人

农业机器人以完成农业生产任务为目的，是一种兼有四肢行动、信息感知能力及可重复编程功能的柔性自动化或半自动化智能农业装备，集传感技术、监测技术、通信技术及精密机械技术等多种前沿科学技术于一身。目前已经开发出的农业机器人有耕耘机器人、除草机器人、施肥机器人、喷药机器人、蔬菜嫁接机器人、收割机器人、采摘机器人等。

Blue River 的农业智能机器人可以实现智能除草、灌溉、施肥和喷药等功能。智能机器人利用电脑图像识别技术来获取农作物的生长状况，通过机器学习，分析和判断出哪些是杂草需要清除，哪里需要灌溉，哪里需要施肥，哪里需要打药，并且能够立即执行。

水果和蔬菜采摘是生产链中最耗时费力的生产环节之一，将人工智能识别技术与智能机器人技术相结合，可以提高瓜果采摘速度，并且不会破坏果树和果实，对瓜果类产品进行无损采摘作业。在比利时的一间温室中，有一台 Octinion 采摘机器人，如图 3.14 所示，它能够穿过生长在支架托盘上的一排排草莓，利用机器视觉寻找成熟完好的果实，并用 3D 打印的爪子把每一颗果实轻轻摘下，放在篮子里以待出售。如果感觉果实还未达到采摘时机，那么机器人会预估其成熟时间并重新采摘。

图 3.14　Octinion 采摘机器人

中国农业大学是我国农业机器人技术早期研发单位之一，其研制的摘黄瓜机器人利用多传感器融合技术，已经成功进行了试验性嫁接生产，解决了蔬菜幼苗的柔嫩性、易损性和生长进度不一致等难题，可以用于黄瓜、西瓜、甜瓜等幼苗的嫁接，形成了具有自主知识产权的自动化嫁接技术。

3. 禽畜智能穿戴产品

智能穿戴产品主要应用在畜牧业，以养牛为例，动物学家研究发现，当养殖场中出现人时，牛会误以为人类是捕食者而产生紧张的情绪，这会对牛肉、牛奶等一系列产品造成负面影响。通过智能识别，人工智能软件可以根据农场的摄像装置准确锁定牛的面部及身体。经过深度学习后，人工智能软件还能够分辨出牛的情绪状态、进食状况、健康状况等一系列数据，将牛群的信息反馈给养殖者并提出建议。

以日本 Farmnote 开发的一款用于奶牛的可穿戴设备“Farmnote Color”为例，如图 3.15 所示。它可以实时收集每头奶牛的个体信息，并结合数据信息，采用人工智能技术分析出奶牛是否出现生病、排卵或生产的情况，并将相应信息自动推送给养殖者，以便得到及时的处理。

使用人工智能养牛的优势是显而易见的。一方面，养殖者无须浪费太多时间在农场巡视即可获知每头牛的位置和健康状况；另一方面，牛群也不用担心有人类出现，可以轻松地在农场生活。可以说，人工智能既减少了养殖者的工作，又提高了养殖产品的质量。

图 3.15　可穿戴设备“Farmnote Color”

阿里巴巴与特驱集团达成合作，正式签约了“世界首创的人工智能养猪”项目。在该项目中，特驱集团为阿里巴巴提供健康的猪仔，阿里巴巴利用人工智能技术对猪仔的生命指标以及猪舍环境指标进行分析。利用人工智能技术，养殖者可以随时查看猪仔的生命指标是否异常，也可以预防传染性疾病的发生。

中国是具有悠久农耕历史的国家，中国人对土地、农业、农产品向来有着独特的情怀。在人工智能技术“井喷式”增长和应用的今天，为了促进农业的发展，我国企业也在致力于相应技术的研究。例如，我国最大的现代农业服务企业中化农业和百度云携手，希望借助科技使优质农产品助力消费者生活品质升级，用技术体现对农业匠人的尊重与扶持，使传统农业迸发新的生机与活力。在确定鱼群位置实现智能捕捞的过程中，浙江丰汇远洋渔业有限公司的总指挥朱义峰和阿里云的团队展开合作，利用阿里云的人工智能技术，在确定南太平洋捕捞鱼群的工作中实现了新突破。利用朱义峰的渔业专业知识，阿里云的人工智能系统“ET 大脑”构建了新的算法，最终实现对鱼群的预测准确率达到 81%，比传统经验的准确率高了许多。

3.3.4　人工智能+工业

随着人工智能技术的进一步发展，人工智能和工业的结合也受到了各国政府的高度重视，建设智能工厂成为各工业企业的紧急任务。在经过蒸汽技术革命、电力技术革命、计算机及信息技术革命三次工业革命后，人工智能将带来全新的第四次工业革命，实现高效、安全、便捷化的“人工智能+工业”。2013 年，在德国政府发布的《德国 2020 高技术战略》中，提出一个名为“工业 4.0”的项目，旨在提升制造业的智能化水平，建立具有适应性、资源效率及基因工程学的智慧工厂，在商业流程及价值流程中整合客户及商业伙伴。

2017 年 12 月，工业和信息化部印发了《促进新一代人工智能产业发展三年行动计划（2018—2020 年）》，提出以信息技术与制造技术深度融合为主线，以新一代人工智能技术的产业化和集成应用为重点，推进人工智能和制造业深度融合，加快制造强国和网络强国建设。

工业 4.0 有以下特点。

1. 生产智能化

利用人工智能信息网络，智能工厂的生产通信将变得更加流畅，生产速度大大加快。

2. 设备智能化

在人工智能技术的帮助下，生产设备能够自动判别生产环境，对生产过程进行调节。

3. 能源管理智能化

利用无障碍的通信系统，工厂中的电力系统、楼栋控制系统、电力微机综合保护系统等都能实现智能化，能够做到能源的最优分配。

4. 供应链管理智能化

智能制造是一个完全整合的系统，从原料的配送、产品的制作到产品的运输，供应链的管理会从全局考虑，统筹安排更加合理。

智能工厂是实现智能制造的重要载体，主要通过构建智能化生产系统、网络化分布生产设施实现生产过程的智能化。作为工业中的龙头企业，西门子在建设智能工厂方面同样处于领先地位。在西门子的安贝格工厂中，只有 1/4 的工作需要人工完成，其余 3/4 的工作都由机器和计算机自行处理，如图 3.16 所示。自建成以来，安贝格工厂的生产面积没有扩大，生产人员的数量也没有太大变化，但是产能却至少提高了 8 倍，产品的合格率高达 99.998 5%。

图 3.16　西门子安贝格工厂

当前，我国制造企业面临着巨大的转型压力。考虑到劳动力成本迅速攀升、产能过剩、竞争激烈、客户个性化需求日益增长等因素，结合物联网、协作机器人、增材制造、预测性维护、机器视觉等新兴技术，越来越多的大中型企业开启了智能工厂建设的征程。九江石化是我国首批石化智能工厂的试点单位，据报道，自智能工厂建成以来，九江石化加工吨原油边际效益在沿江 5 家炼油企业中的排名逐年上升。随着智能化水平的提升，人力成本也大大降低，管理效率大幅提升。2016 年 6 月，九江石化与华为签署“战略合作框架协议”“智能工厂样板点参观协议”，标志着九江石化以核心业务为驱动，打造以院士工作站、智能制造联合实验室为主体的“产学研用”创新联盟的阵营进一步壮大。

在日化企业中，隆力奇率先开始了建设智能工厂的尝试，并成功入选江苏省“首批示范智能车间”。隆力奇的智能工厂配备了智能净化车间、自动配送系统，以及一系列高端智能生产设备，现有设施设备也得到了自动化和智能化的升级改造。除了引进先进的智能设备，隆力奇也在全力打造自己的人工智能工厂云平台。利用多种无线技术，工厂中各个工位的数据都会传输和汇总到该平台上。同时，智能车间加强了人机之间的各种交互设置，如语音控制、视觉识别、手势识别等。另外隆力奇还建立了以云平台为基础的智能工厂辅助系统，提高了工作人员解决问题的能力。在隆力奇的智能车间中，只需要一两名操作人员就可以实现对整个车间的控制。目前，隆力奇已经在常熟、苏州、成都、栟茶、尼日利亚建设工厂，领跑行业，辐射全球。据报道，如今的隆力奇在市场上有 1000 多种在售产品，可以生产出世界上最优质的日化产品，国际日化一线、二线 100 多个品牌的产品都出自隆力奇的智能化 4.0 工厂。

3.3.5　人工智能+金融

人工智能之所以在近年来突飞猛进，主要得益于深度学习算法的成功应用和大数据打下的坚实基础。判断人工智能技术能在哪个行业最先引起革命性的变革，除了要看这个行业对自动化、智能化的内在需求，还要看这个行业内的数据积累、数据流转、数据存储和数据更新是不是达到了深度学习对大数据的要求。金融行业可以说是全球大数据积累最多的行业。银行、证券、保险等业务本来就是基于大规模的数据开展的，因此这些行业很早就开始了自动化系统的建设，并极度重视数据本身的规范化、数据采集的自动化、数据存储的集中化、数据共享的平台化。

人工智能和金融融合，能够为人们的金融生活带来更多便利，使理财更科学、风险投资更安全、服务更有效。人工智能正在给金融产品、服务渠道、服务方式、风险管理、授信融资、投资决策等带来新一轮的变革。人工智能在金融行业中的应用，主要集中在智能投资顾问、智能风险控制、智能客户服务、智能营销、智能安全防范等场景。

其中，智能投资顾问依靠人工智能算法，在结合客户自身的经济能力、理财目标、社会环境等信息后，提供投资策略方面的自动化建议，引导客户合理配置资产，最大限度规避金融市场风险并提高金融资本的收益率。

银行、保险等金融机构对于开展业务过程中存在的信用风险、市场风险、运营风险等非常重视，投入大量的人力和物力制定了风险模型及评分系统，采用各种方法降低风险，减少损失。智能风险控制采用基于深度学习的现代人工智能算法，能对复杂的风险规律进行建模和计算，在信贷、反欺诈、异常交易检测等领域充分发挥了作用，为金融行业欺诈风险的分析和预警监测提供坚实的技术支持。

银行、保险、证券等行业均建立了大规模的客户服务中心，利用电话、网站、聊天工具、手机应用等方式为客户提供服务。智能金融客户服务在电话场景中主要表现为机器管理和语音问答分析，还有一种是文本机器人。智能金融客户服务可以学习许多金融领域的知识，并以此作为依据解答客户的咨询。在与客户不断交流的过程中，智能金融客户服务可以自主学习客户咨询中最常见的问题，分析客户心理，更快捷地为客户提供解答，提高服务效率。

国内外大大小小的互联网金融企业正在加快利用人工智能技术提高业务效率，增加利润。美国的 Wealthfront 和 Betterment、英国的 Money on Toast、德国的 Finance Scout 24 等企业均成功将人工智能引入了投资理财领域。

腾讯金融科技正在加快自身的技术发展，截至 2019 年，腾讯金融科技已经构建起支付基础平台、理财业务平台等多个业务板块。其平台目前客户数量已经超过了 5000 家，囊括了四大银行、各大股份制银行、城市商业银行、农村商业银行、民营银行、互联网金融保险公司、传统保险公司等各类金融机构，是国内金融科技企业使用最广泛的平台之一。

京东金融曾经在 2017 年获得了“金融界奥斯卡”——年度信贷风控技术实施奖。在京东金融的业务中，95%的业务通过自动化的智能程序完成，有一半以上的员工从事智能数据开发和研究工作。依靠先进的人工智能技术，搭建了一整套风险控制体系，包括深度学习能力、风险画像、高维反欺诈模型等，使金融变得更加规模化、安全化。

蚂蚁金服已经成功将人工智能运用于互联网小贷、保险、征信、资产配置、客户服务等领域，蚂蚁金服旗下有支付宝、余额宝、招财宝、蚂蚁聚宝、网商银行、蚂蚁花呗、芝麻信用等子业务板块，致力于通过人工智能技术驱动公司的所有业务，同时正在加速向其他机构赋能。蚂蚁金服的科技金融在中国取得出色的成绩后，加快了在其他国家的推进。统计显示，蚂蚁金服具有 18 种货币结算能力，通过不断输出技术和帮助，已经在全球 200 多个国家和地区为用户提供了普惠金融的服务。

3.3.6 人工智能+医疗

2012 年上映的电影《机器人与弗兰克》讲述了一位老年痴呆症患者和一个照料他日常生活的机器人之间的有趣故事。弗兰克的儿女送给经常神智混乱的父亲一个智能机器人，最初他无法接受这个冷冰冰的机器人，在经历过磨合期后，弗兰克发现小机器人不仅细心照料着他的起居，更会静静地陪在他身边，温柔地倾听他的内心，早上叫他起床，拉他去散步，帮他整理花园，甚至还会为了让他多吃低钠食品而讨价还价。

人工智能对人类最有意义的帮助之一就是促进医疗科技的发展，使机器、算法和大数据为人类自身的健康服务，使智慧医疗成为未来人类抵御疾病、延长寿命的核心科技。人工智能+医疗的主要应用场景有以下几个方面。

1. 医药研发

很多年前，还处于萌芽期的人工智能技术就对药物的研发起过积极作用。斯坦福大学的研究者写的第一个专家系统程序 Dendral，曾经帮助有机化学家根据物质光谱推断未知的有机分子结构，相关算法在 20 世纪 60 年代到 70 年代开始被用于药物的化学成分分析和新药研制。

2013 年成立的 BenevolentAI 公司发布的人工智能技术平台，利用云计算技术和深度学习算法，从杂乱无序的海量信息中获得有利于药物研发的知识，随后在此基础上进一步提出新的药物研发假说，最终验证假说。依靠该平台至今已经研发出了 24 种新型药物，有的已经在临床中得到试用。

为了使人工智能药物研发更高效、更有质量保证，我们需要做好高质量的数据积累；调整计算机算法、单点学习等算法，使其适用于医药开发；积极培养新药物市场，迅速在市场中获得反响，不断地提高人工智能医药研发的能力。

2. 医学影像

智能医学影像是指将人工智能技术应用在医学影像的诊断上，人工智能技术在医学影像上的应用主要分为两部分：一是图像识别，应用于感知环节；二是深度学习，应用于学习和分析环节，通过大量的影像数据和诊断数据，不断地对神经元网络进行深度学习训练，促使其掌握诊断能力。

DeepCare 是一家以人工智能为核心技术，专注于医学影像检测的科技公司，致力于通过机器视觉、深度学习算法和大数据挖掘技术，使医学影像识别技术更加快捷与高效。

贝斯以色列女执事医疗中心与哈佛医学院合作研发的人工智能系统，对乳腺癌病理图片中癌细胞的识别准确率能够达到 92%。

美国企业 Enlitic 将深度学习算法运用到了癌症等恶性肿瘤的检测中，该公司开发的系统的癌症检出率超越了 4 位顶级的放射科医生，可以诊断出人类医生无法诊断出的 7%的癌症。

3. 疾病预测

在医疗健康领域，为健康人群进行疾病的早期预测是十分必要的。如果疾病的预测结果准确，可以提醒人类尽早做好防范准备，降低发病的严重程度，甚至避免发病。

Unlearn.AI 公司研发的一款人工智能系统，实现了对阿尔茨海默病的预测。Renalytix AI 和纽约西奈山医院打造了一款人工智能系统，可以用于发现有晚期肾病风险的患者。

4. 医生助理

人工智能技术在医疗领域还可以用于医生助理的医疗机器人，常见的有外科机器人、实验室机器人、康复机器人、医用服务机器人。机器人辅助医生开展外科手术已经有 30 年发展历史，在前列腺、妇科、胃肠、癌症、心外科等外科手术中得到越来越多的应用。达·芬奇手术机器人目前已经被 FDA 批准用于泌尿外科、妇科、心胸外科、腹部外科手术，该机器人在美国医院体系中渗透率达到 60%。在美国，约有 80%的前列腺手术、恶性子宫瘤切除手术有手术机器人的参与，机器人辅助心胸外科手术渗透率也达到 10%。

百度作为国内互联网行业的三大巨头之一，旗下的百度医疗大脑在人工智能问诊方面取得了突破性的进展。患者通过百度医疗大脑可以实现人工智能问诊，在综合各项医疗数据后，百度医疗大脑会为患者提供准确的问诊结果。

人工智能+医疗具有 3 个明显的优势：提高信息化水平，提升医疗机构运营效率；智能预测，降低疾病发生风险；推进精准医疗，提高健康水平。

3.3.7　人工智能进入新领域

随着深度学习算法的发展，算法研究进入了另一个人类原本认为不会受自动化影响的领域——艺术。经过不断地深度学习，人工智能已经能够完成除机器人、语音识别、图像识别等技术领域以外的任务，如写诗、绘画。随着研究的深入，人工智能的应用范围越来越广。

早春江上雨初晴，
杨柳丝丝夹岸莺。
画舫烟波双桨急，
小桥风浪一帆轻。

这首对仗工整、别致新颖的小诗就是人工智能创作的。事实上，人工智能吟诗写稿的水平已经有了很大的提升。快速学习能力使人工智能在文学方面的成就渐渐得到大众的关注。

北京大学计算机科学技术研究所研究员万小军和今日头条实验室曾经联合研发并推出了一款人工智能写稿机器人“张小明”。这是我国研发的首款人工智能写稿机器人，在里约热内卢奥运会期间正式上岗。里约热内卢奥运会期间，“张小明”一共撰写了 450 多篇体育新闻，并能以与直播同步的速度即时发布，因此一战成名。

如今新闻媒体的人工智能写稿机器人的写作效率令人惊叹：中国地震台网撰写一篇地震报道只需用时 25 秒，今日头条发布一条体育资讯只需 2 秒，《南方都市报》编写一则春运文章只需 1 秒，腾讯生产一个图文结合的稿件只需 0.5 秒……

人工智能写稿机器人在文学创作方面的优势不仅表现在能够撰写出客观的新闻报道，它们经过对众多诗歌的学习，在原创诗歌方面也获得了众多好评。写稿机器人“小冰”匿名投稿的诗篇多次被《北京晨报》《长江诗歌》等刊发，甚至有了一部自己的原创诗集《阳光失了玻璃窗》。“看那是，闪烁的几颗星/西山上的太阳/青蛙儿正在远远的浅水/她嫁了人间许多的颜色。”这首诗就是出自小冰之手。

万小军说：“写稿机器人实际上是一款利用编程语言实现的智能写稿软件。”对于人工智能来说，无论是写诗还是写稿，核心都在于自然语言的理解和生成，而这都是通过深度学习算法来实现的。

如果说结构严谨和需要数据支撑的文稿对于人工智能还有规律可循，那么内容天马行空的绘画应该是难以通过大样本的学习来掌握的。但是，人工智能再一次突破了人类的想象，在绘画创作上也迈出了第一步。

在谷歌大脑的实验室中，研究人员 David Ha 和 Douglas Eck 从谷歌工具“Quick，Draw！”收集了 50 多万个用户绘制的涂鸦，每当用户在应用程序中绘制时，它不仅记录了最终的图像，还记录了绘制过程中每笔的笔触。最终得到的图像比我们真正绘制的要更完整。

2019 年 7 月，小冰的首次个展《或然世界 Alternative Worlds》在中央美术学院美术馆开幕。小冰的绘画水平到了一个什么水平呢？“研究生。”中央美术学院实验艺术学院院长、博士生导师邱志杰说。微软（亚洲）互联网工程院副院长李笛介绍，小冰绘画应用的技术为“生成式对抗网络”，不是对已有图像的复制和拼贴，而是百分之百的原创。在过去 22 个月里，它学习了 400 年艺术史上 236 位著名画家的 5000 多张画作。

人工智能科技日新月异，人工智能机器人也在不断突破自身的局限。从写稿到写诗，再到绘画，人工智能持续刷新着自身的技术上限，为未来带来了无限可能。也许人工智能在艺术领域中稍显稚嫩，但不可否认的是，人工智能的出现为艺术领域注入了新的活力。

内容考核

思考题

1．如何定义人工智能？

2．列举人工智能面临的机遇与挑战。

3．阿兰·图灵对人工智能的重要贡献是什么？

4．关于人工智能，解释计算机国际象棋所起到的作用。

5．机器学习是什么？为什么它是人工智能领域的重要分支？

6．通过网上搜索，找到决策树的几个重要应用领域。
7．讨论监督学习和无监督学习的区别及应用场景。
8．讨论深度学习的应用场景有哪些。
9．人工智能有哪些主要研究和应用领域？其中有哪些新的研究热点？
10．人工智能未来的发展有哪些值得思考和关注的重要问题？

>>>>>>>

第4章

移动物联网系统简介

内容介绍

移动物联网通过人与人、人与物、物与物的相连，解决了信息化的智能管理和决策控制问题。移动物联网的理念和相关技术产品已经广泛渗透到社会、经济、民生的各个领域中，在越来越多的行业创新中发挥着关键作用。本章将从移动物联网的发展和典型行业应用两个方面，分成 4 个任务对移动物联网系统进行全面的阐述。

任务安排

任务 1　了解移动物联网系统的发展背景、体系结构

任务 2　智慧物流：智慧供应链的构建

任务 3　城市建设：极致生活新体验的打造

任务 4　医疗健康：驱动医疗革新的技术

学习目标

✧ 了解移动物联网系统的发展史。

✧ 熟悉移动物联网系统的体系结构、关键技术。

✧ 熟悉移动物联网的行业应用。

任务 1　了解移动物联网系统的发展背景、体系结构

任务描述

李明大学所学专业是软件设计，毕业后入职了一家科技公司，该公司主营物联网业务，包括硬件、软件的开发定制。他除了认真做好本职工作，还为自己制订了学习计划，计划系统地了解物联网行业，为了能更好地胜任今后的工作打下基础。本任务可以帮助他快速了解物联网行业，以及物联网系统所服务的行业对象等。

任务分析

作为初学者，要想通过自学全面认识物联网，需要从了解物联网的起源与发展开始，进一步了解与物联网有着紧密联系的移动互联网的基础知识，并系统地了解移动物联网系统的体系结构、关键技术及移动物联网的行业应用等。

知识准备

对物联网、移动互联网有初步的认识和了解。

4.1.1　发展背景

1. 物联网的起源与发展

2009 年，IBM 提出“智慧地球”概念，物联网自此开始发展。自 2009 年温家宝总理提出了“感知中国”的发展战略以来，物联网被正式列为战略性新兴产业之一，并且首次提出物联网的中文名称。事实上，物联网的观念早在 1998 年就由麻省理工学院提出，但限于当时科技通信技术还不成熟，故未能引发共鸣。时至 2010 年，这个议题已经被欧美、中国、日本等定为战略级发展领域。越来越多的信息报告显示它被列为未来十年科技通信发展的重要领域，它所创造的产业、产值非常庞大。有的国家通过政府的力量来推动物联网的发展，有的国家主要依靠产业的力量，多数亚洲国家则是从产业和消费者的角度来推动。

物联网产业在目前看来具备极大潜力，投身其中的企业越来越多，包括芯片厂商、设备厂商、传感器厂商、数据服务商、应用软件开发商等。国际芯片巨头包括英特尔、高通、ARM 等，都成立了“加速器”部门，竞相争夺物联网芯片市场。思科在提出“万物互联”概念后，以 14 亿美元收购了物联网平台提供商 Jasper；IBM 宣布在物联网业务上投资 30 亿美元。从智能家庭 Nest 到智能城市 SideWalk、无人驾驶汽车，再到谷歌云，谷歌已经涵盖了物联网生态中很大一部分业务。苹果、微软和三星这三家公司也一直非常活跃，提供了集线器/平台（如苹果公司的 HomeKit、三星公司的 SmartThings，以及微软公司的 Azure）和终端产品（如苹果公司的 Apple Watch、三星公司的 Gear VR，以及

微软公司的 HoloLens 头盔）。国内目前有超过 1000 家企业专注于研究物联网核心技术，积累了丰富的行业经验。值得一提的是云服务的应用开发平台，包括中国移动的 OneNet、京东智能云、腾讯的 QQ 物联、阿里云、百度 IoT、中兴的 AnyLink 都保持着非常迅猛的发展。

物联网的理念和相关技术产品已经广泛渗透到社会、经济、民生的各个领域中，在越来越多的行业创新中发挥关键作用。物联网凭借与新一代信息技术的深度集成和综合应用，在推动转型升级、提升社会服务、改善服务民生、推动增效节能等方面发挥重要作用，将在部分领域中带来真正的“智慧”应用。

我国已经初步建成涵盖网络设备、芯片、软件与信息处理、电器运营、应用服务等的相对齐全的物联网科技与产业体系，涌现出一批拥有较强实力的物联网领军企业，初步建成一批共性技术研发、检验检测、投融资、标识解析、成果转化、人才培训、信息服务等公共服务平台。在物联网领域，我国已经建成一批重点实验室，汇聚整合多行业、多领域的创新资源，基本覆盖了物联网技术创新的各个环节，物联网专利申请数量逐年增加。物联网领域的研究成果在交通、物流、环保、医疗保健、安防电力等行业得到了大规模应用，在便利百姓生活的同时促进了传统产业的转型升级。例如，三一重工建成的工业物联网平台，加快了物联网技术应用，有效降低了企业生产成本，提高了整体运营效率。目前，我国形成了环渤海、长三角、泛珠三角和中西部地区四大区域的发展格局，无锡、杭州、重庆等地运用配套政策，已经成为推动物联网发展的重要基地，培育重点企业带动作用显著。

2. 移动互联网的发展

最近几年，伴随着智能手机的普及，移动互联网已经成为当今世界发展最快、市场潜力最大、前景最广阔的业务之一。在这样的背景条件下，人们的生活方式发生了很大的改变。

移动互联网是移动通信技术和互联网融合的产物，是互联网的技术、平台、商业模式、应用与移动通信技术结合并实践的活动的总称。移动互联网继承了移动通信技术随时、随地、随身和互联网共享、开放、互动的优势，即运营商提供无线接入，互联网企业提供各种成熟的应用，可以说是整合二者优势的升级版本。移动互联网是一种通过智能移动终端，采用移动通信方式获取业务和服务的新兴业务，包含终端、软件和应用三个层面。终端层包括智能手机、平板电脑、电子书等。软件层包括操作系统、中间件、数据库和安全软件等。应用层包括休闲娱乐类、工具媒体类、商务财经类等不同的应用与服务，以及移动环境下的网页浏览、文件下载、位置服务、在线游戏、视频浏览和下载等业务。随着技术和产业的发展，LTE（4G 通信技术标准之一）和 NFC（移动支付的支撑技术）等网络传输层关键技术都被纳入了移动互联网的范畴。

随着移动通信技术的进一步发展，移动互联网业务将成为继宽带技术后互联网发展的又一个推手，并为互联网的发展提供一个新的平台，使互联网更加普遍，以移动应用固有的便携性、可鉴权、可身份识别等独特优势，为传统的互联网业务提供新的发展空间和可持续发展的新商业模式。同时，移动互联网业务的发展将为移动网络带来无尽的应用空间，从而促进移动网络宽带化的深入发展。移动互联网业务正在成为移动运营商业务发展的战略重点。

被誉为 20 世纪最伟大发明的互联网与最先进的移动通信技术的碰撞，一个创新无限、活力无限的移动互联网新世界就此诞生。移动互联网的出现，第一次把互联网放到人们的手中，智能手机、平板电脑、电子书、电视机、车载设备已经成为重要终端，冰箱、微波炉、抽油烟机、照相机，甚至眼镜、手表等穿戴物，都可能成为泛终端，并通过对各终端信息的收集和处理，真正实现 24 小时随身在线的生活。

在移动互联网、云计算、物联网等新技术的推动下，传统行业与互联网的融合呈现出新的特点，平台和模式都发生了改变。这种融合一方面可以作为业务推广的一种手段，如食品、餐饮、娱乐、航空、汽车、金融、家电等传统行业的 App 和企业推广平台；另一方面也重构了移动端的业务模式，如医疗、教育、旅游、交通、传媒等领域的业务模式。信息社会允许人们随时随地查找资讯、处理工作、保持沟通、休闲娱乐，梦想变成了现实。“移动改变生活”，移动互联网给人们的生活方式带来了翻天覆地的变化。越来越多的人在购物、用餐、出行、工作时，都习惯性地掏出手机，查看信息、查找位置、分享感受、协同工作。数以亿计的用户通过移动互联网工作、交易、交友、生活，这些崭新的行为方式，如同魔术师的手杖，变幻出数不清的商业机会，这也意味着移动互联网业务为商业模式的多样化和创新提供了空间，已经成为推动产业乃至经济社会发展强有力的技术力量。

随着移动带宽技术的迅速发展，会有更多的传感设备、移动终端能够随时随地接入网络，加之云计算、物联网等技术的带动，我们将在移动互联网时代取得丰富成果。目前移动互联网领域仍然以精准营销为主，但随着大数据相关技术的发展以及数据挖掘的不断深入，针对用户个性化定制的应用服务和营销方式成为必然发展趋势，这将是移动互联网的另一片蓝海。在移动互联网时代，传统的信息产业运作模式正在被打破，新的运作模式正在形成。对手机厂商、互联网公司、消费电子公司和网络运营商来说，这既是机遇，也是挑战。

4.1.2　物联网、移动互联网和移动物联网

1. 移动互联网的特点

“小巧轻便”及“通信便捷”两个特点，决定了移动互联网与 PC 互联网的根本区别、发展趋势及关联。人们可以随时、随地、随心地享受互联网带来的便利，以及更丰富的业务种类和个性化、更优质的服务。当然，移动互联网在网络和终端方面也受到了一定的限制。与传统的桌面互联网相比，移动互联网具有以下几个鲜明的特性。

便捷性：移动互联网的基础网络是一张立体的，由 GPRS、3G、4G、WLAN 和 Wi-Fi 构成的无缝覆盖网络，使移动终端具有通过上述任何形式都能方便地联通网络的特性，从而使用户不会错过任何重要信息、时效信息。

便携性：移动互联网的基本载体是移动终端，这些移动终端不仅包括智能手机、平板电脑，还包括智能眼镜、手表、服装等各类随身物品。

即时性：由于移动互联网同时具有便捷性和便携性，因此人们可以充分利用生活、工作中的碎片化时间，即时接收和处理互联网的各类信息。

精确性：移动终端的个性化程度相当高，尤其是智能手机，每一个电话号码都精确地指向了一个明确的个体。移动互联网能够针对不同的个体，提供更为精准的个性化服务。

感触性：这一点不仅仅体现在移动终端屏幕的感触层面上，还体现在摄影、二维码扫描，以及重力感应、磁场感应、移动感应、温度感应、湿度感应等感触功能上。

定向性：移动互联网提供基于位置的服务，能够定位移动终端所在的位置，甚至可以根据移动终端的趋向性，确定下一步去往的位置，使相关功能具有可靠的定位性和定向性。

安全性：智能手机已经成为人们生活中随身携带的物品，与个人生活紧密相关，包含个人隐私的各种信息，如个人账户信息、图片、视频、定位、电子支付密码等。这些都可能成为潜在的安全隐患，因此移动互联网需要从移动网络、终端设备和终端应用各层面考虑其安全性。

私密性：在使用移动互联网时，终端设备与个人身份密切相关，如电话号码、App 个人账号、手机支付等，这就意味着所使用的内容和服务更私密，以及信息传播更精准，更具有指向性。

局限性：移动互联网受到来自网络和终端的限制。在网络方面，移动互联网受到无线网络传输环境、技术能力等因素的限制。在终端方面，移动互联网受到终端大小、处理能力、电池容量等因素的限制。

上述特性构成了移动互联网与传统互联网完全不同的用户体验生态。移动互联网已经完全渗入到人们生活、工作、娱乐的方方面面。

2. 物联网与移动互联网的关系

前面介绍了互联网，无论是传统互联网还是移动互联网，都注重信息的互联互通和共享，解决的是人与人的信息沟通问题，实现人与人的相连。物联网则是通过人与人、人与物、物与物的相连，解决信息化的智能管理和决策控制问题。物联网比互联网技术更复杂，产业辐射面更宽，应用范围更广，对经济社会发展的推动力和影响力更强。

移动互联网的终端系统接入方式与物联网有所不同。移动互联网用户通过终端系统的服务器、手机、平板电脑等各种移动终端访问互联网资源，可以发送或接收电子邮件、浏览网页、炒股、订机票、订酒店等。物联网中的传感器节点需要通过无线传感器网络的汇聚节点接入互联网。RFID 芯片先通过读写器与控制主机连接，再通过控制节点的主机接入互联网。由于移动互联网的应用系统与物联网的不同，因此接入方式也不同。物联网应用系统将根据需要选择无线传感器网络或 RFID 应用系统接入互联网。

互联网是物联网的基础，物联网是互联网的延伸。在互联网的基础上，物联网应运而生，使人与物、物与物之间的有效通信成为可能。物联网技术的重要基础和核心仍旧是互联网，通过各种有线和无线网络与互联网融合，将物体的信息实时、准确地传递出去。

3. 移动物联网的含义

物联网与移动互联网之间相互促进的关系可以说明，移动物联网正是物联网与移动互联网深度融合的产物，是由无线互联网技术、RFID 技术、无线数据通信等技术所组成的网络体系，是基于移动手持设备的物联网技术和应用，是物联网发展的重要模式和途径。移动物联网的应用体系覆盖面极广，可以实现现实世界中所有物体的自动识别和信息的互联共享，如图 4.1 所示。

图 4.1 移动物联网的应用体系

移动物联网作为物联网的重要发展模式，目前在国际上尚未有明确的定义和发展指向。从全球物联网的发展中可以看出，移动物联网正在经历着爆发式增长，尤其是随着智能终端的普及，物联网与移动互联网的融合使各国战略性产业得以迅速发展，主要体现在以下几个方面。

- 在战略规划方面，各国都出台了与物联网、智慧城市等密切相关的规划，并为之投入了大量财力。
- 在网络基础方面，移动网络是各国重点建设的基础项目，不仅是固定网络（光纤）的配套和补充，在一定程度上，移动网络已经成为与固定网络并行甚至更为流行的网络。
- 在技术研发方面，物联网核心技术及核心标准的研发已经在各国快速展开，其中很多涉及移动化的技术。
- 在应用模式方面，物联网的发展正在演化出越来越多的应用和运营模式，其中有移动化的发展模式显得较为突出，在部分领域已经取得了市场的认可和积极回应。

移动物联网是一种基于互联网、无线局域网和通信网络等信息载体，使所有能够被独立寻址的物理对象实现相互之间数据传输的网络技术。它顺应了移动化、无线化、网络化的发展趋势，其应用模式正广泛受到社会各界的认可和接受，并在许多领域酝酿着巨大的市场机会。

4.1.3 移动物联网的体系结构

物联网是指通过各种信息传感器、RFID、GPS、红外感应器、激光扫描器等装置与技术，实时采集任何需要监控、连接、互动的物体及其状态，具体包括声、光、热、电、力学、化学、生物、位置等各种信息，并通过各类可能的网络接入，最终实现物与物、物与人的广泛连接，以及对物品和过程的智能化感知、识别和管理，其应用体系如图 4.2 所示。简单来说，物联网就是“万物相连的互联网”，其中有两层含义，第一，物联网的核心和基础仍然是互联网，是在互联网基础上延伸和扩展的网络；第二，物联网的用户端可以延伸和扩展至任何物品之间，进行信息交换和通信。

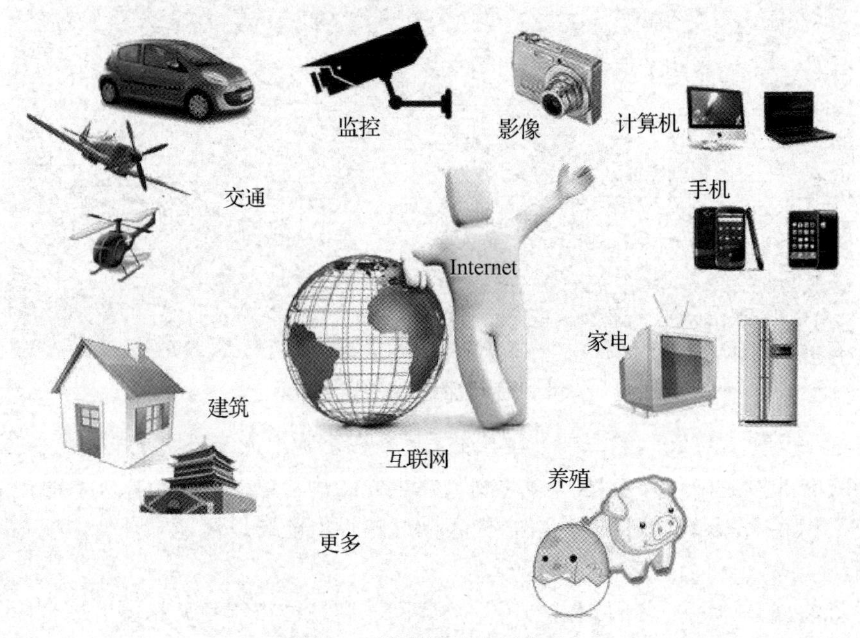

图 4.2 物联网的应用体系

物联网代表了下一代信息发展技术，如现代商品上的条形码、车用的 GPS。在查询快递物流信息时，只要通过 RFID 技术，以及在传递物体上植入芯片等技术手段，即可取得物品的物流信息。因此，在物联网时代，我们的生活正在被拟人化，万物都可以与人进行通信和交流，每个物体都可寻、可控、可连。

移动物联网与物联网的体系架构基本一致，物联网包括感知层、网络层和应用层。相应地，其技术体系包括感知层技术、网络层技术、应用层技术和公共技术，如图 4.3 所示。

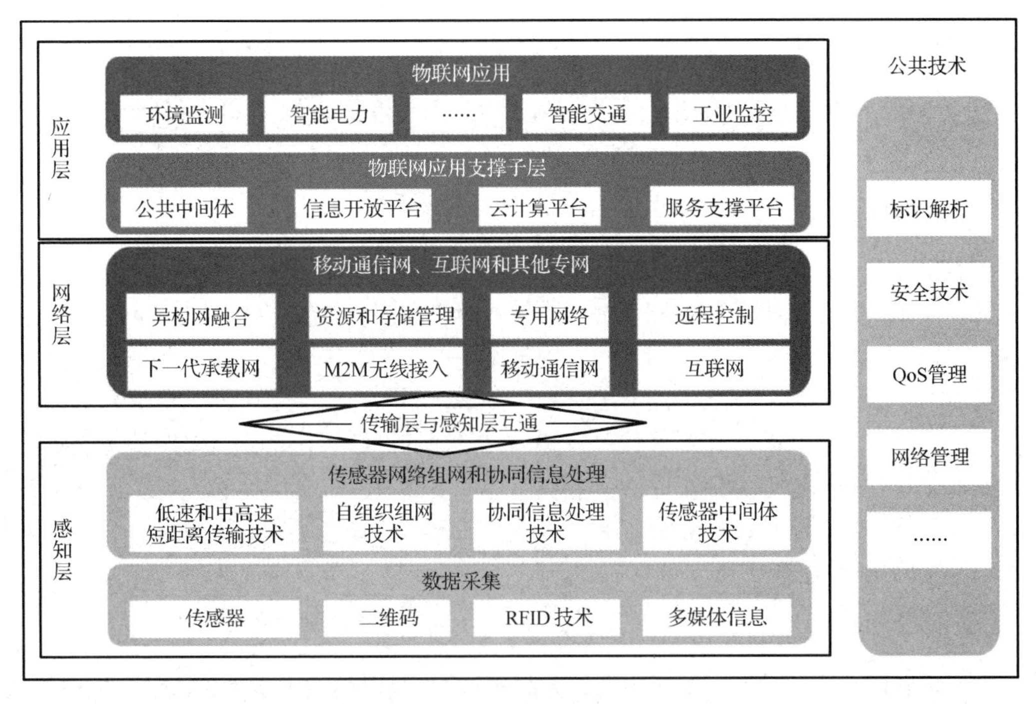

图 4.3　物联网的技术体系

（1）感知层。数据采集与感知主要用于采集物理世界中发生的物理事件和数据，包括各类物理量、标识、音频、视频数据。物联网的数据采集涉及传感器、RFID、多媒体信息采集、二维码和实时定位等技术。

（2）网络层。网络层用于实现更加广泛的互联功能，能够把感知到的信息无障碍、可靠、安全地进行传送，需要传感器网络与移动通信技术、互联网技术相融合。经过十余年的快速发展，移动通信、互联网等技术已经比较成熟，基本能够满足物联网数据传输的需要。

（3）应用层。应用层主要包含应用和应用支撑子层。其中应用支撑子层用于支撑跨行业、跨应用、跨系统的信息协同、共享、互通，应用包括智能交通、智能医疗、智能家居、智能物流、智能电力等。

（4）公共技术。公共技术不属于物联网技术的某个特定层面，而是与物联网技术架构的三层都有关系，它包括标识解析、安全技术、网络管理、QoS 管理等。

简单来讲，物联网用于实现物与物、人与物之间的信息传递与控制。在物联网应用中还有以下两项关键技术。

（1）传感器技术。传感器技术是计算机应用中的关键技术。目前绝大部分计算机处理的都是数字信号，而计算机需要传感器把模拟信号转换成数字信号才能处理。

（2）RFID 技术。RFID 技术是融合了无线射频技术和嵌入式技术于一体的综合技术，在自动识别、商品物流管理领域有着广阔的应用前景。

任务 2　智慧物流：智慧供应链的构建

任务描述

文杰毕业后就职于一家信息科技公司，该公司致力于智慧物流软件研发，研发产品覆盖智慧物流平台、厂商供应链管控系统、商贸物流交易服务平台、物流供应链服务平台。公司安排他到智慧物流平台测试部工作。由于刚毕业，缺乏工作经验和行业知识积累，文杰为了能尽快融入团队，真正为团队出一份力，给自己制定了学习目标，学习方式为请教前辈及自主学习。现在的工作需要他对智慧物流平台进行测试，首先需要熟悉公司研发的平台的业务流程和功能。虽然不同的公司研发的智慧物流平台有所差异，但是需要实现的基本功能相似。通过本任务的学习，文杰可以对物联网在物流领域的应用业务范围、实现功能有一定的认识。

任务分析

认识物联网在物流领域中的应用，可以理解为利用物联网技术实现物流的智能化管理，这需要对物流的运作流程有深入的了解。本任务将从物流领域中的物联网技术和物流各环节的运作流程两方面进行介绍。

知识准备

对物流的基本流程有一定的认识。

4.2.1　相关的核心技术

移动物联网是一种由多种技术、系统构成的综合性技术，具备互联化、智能化与设备化三大主要特征。技术发展是推动移动物联网及其相关领域发展的决定性因素，移动物联网的分层结构仍然参照前面章节所述的物联网分层结构，主要分为感知层、网络层和应用层。

移动物联网感知层位于整体结构的底层，是整体系统的核心部分，是联系物理世界与信息世界的重要纽带。感知层由大量的具有感知、通信、识别（或执行）能力的智能物体与感知网络组成，其主要技术有传感器技术、条码技术、扫描器技术、RFID 技术、GPS 技术和智能嵌入技术等，这些技术用于保障感知层能正常运作信息采集与信息识别这两大主要功能。

1. 条码技术

条形码可以说是移动物联网的第一代身份证。条形码是将宽度不等的多个黑条和白条，按照一定的编码规则排列，用以表达一组信息的图形标识符，如图 4.4 所示。常见的条形码是由反射率相差很大的黑条（简称条）和白条（简称空）排成的平行线图案。条形码可以标记产地、制造厂家、商品名称、生产日期、图书分类号、邮件起止地点、类别、日期等许多信息，因此在商品流通、图书管理、邮政管理、银行系统等许多领域都得到了广泛的应用。

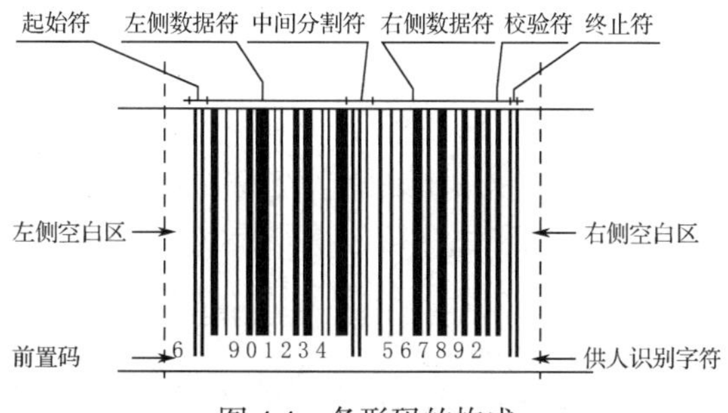

图 4.4　条形码的构成

图 4.4 所示的一维条形码由于信息容量的限制，通常仅用于对物品的简要信息进行标识，而不能记载更多关于物品的描述。仅有身份识别功能的一维条形码已经不能满足人们对日益繁多的商品的需求，于是二维条码（简称二维码）应运而生。二维码具有高密度、大容量、抗磨损等特点，拓宽了条码的应用领域。二维码可以在水平和垂直方向的二维空间存储信息，作为一种全新的自动识别和信息载体技术，二维码能够将图像、声音、文字等信息进行整合，从而增加搭载的信息量。二维码的数据存储量是一维码的几十倍到几百倍，就像一个便携式的数据库。如今，移动智能终端的普及，特别是智能手机，为二维码的应用打开了一片更加广阔的天地。2016 年，支付清算协会向支付机构下发《条码支付业务规范（征求意见稿）》，其中明确指出支付机构开展条码业务需要遵循的安全标准。这是央行在 2014 年叫停二维码支付服务后首次官方承认二维码支付地位。如今，二维码被广泛应用于信息获取、网站跳转、广告推送、防伪溯源、会员管理、手机支付等，图 4.5 所示为二维码的应用。

图 4.5　二维码的应用

2. RFID 技术

RFID 技术是构成移动物联网系统的关键技术，也是扩展移动物联网行业应用的核心。RFID 是一种自动识别技术，通过无线射频信号获取实体对象的相关信息并加以识别。RFID 技术能够非接触、实时快速、高效准确地采集和处理实体对象的信息，被广泛应用于物流管理、仓储管理、交通运输、资产管理、医疗卫生、商品防伪及国防军事等领域。

RFID 技术通过 RFID 电子标签来标识某个实体对象，用 RFID 读写器来接收实体对象的信息，RFID 系统如图 4.6 所示。RFID 技术的抗干扰能力强，既可以识别高速移动的实体对象，又可以同时识别多个实体对象。移动物联网感知层是信息通道，这一层的技术必须满足无线、可靠、自动化等需求。RFID 系统一直被视为最适合实现感知层技术的自动识别系统，因此将它应用到移动物联网系统中是必然趋势。

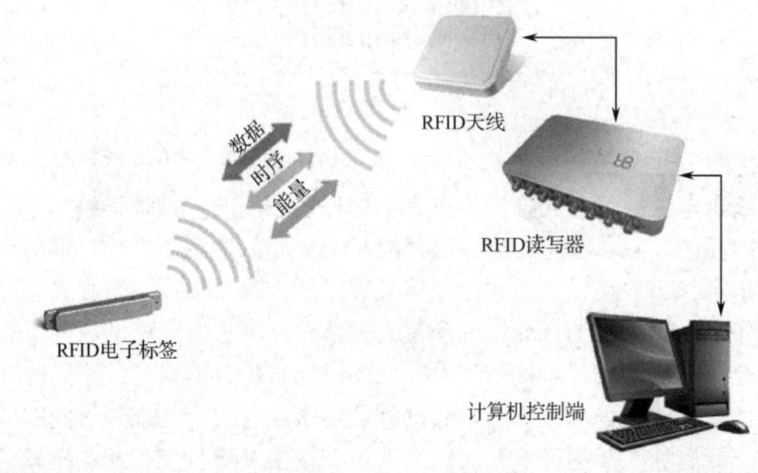

图 4.6　RFID 系统

3. GPS 技术

GPS 技术是一种新型定位技术，应用范围广、功能强，可以为用户提供随时随地的准确位置信息服务，其基本原理是先将 GPS 接收机接收到的信号经过误差处理和解算以得到位置信息，再将位置信息传递给连接的设备，连接设备对该信息进行一定的计算和变换（如地图投影变换、坐标系统变换等）后传递给移动终端。除了应用于国防军事、科学领域，GPS 技术在很大程度上为人们的日常生活提供了方便。位置信息与人们的生活息息相关，人们可以通过移动智能终端搜寻基于位置的相关服务，如车辆定位、线路导航、手机定位、搜索周边服务及基于位置的社交应用等。

在移动物联网时代，汽车导航是 GPS 技术的典型应用之一，导航系统结合相关感知技术可以综合道路状况、污染指数、天气状况、加油站的分布、驾驶员的身体状况等各种因素查询最佳路线，实现由“以路为本”到“以人为本”的转变。

在物流方面，应用 GPS 技术及计算机技术、网络技术等手段，充分利用互联网资源，结合电子地图地理信息系统，可以实时显示车辆的实际位置，实现对车辆的状态监视、调度管理、报警求助和信息咨询等功能，并对 GPS 电子地图进行任意放大、缩小、还原，使目标始终显示在屏幕上；还可以实现多窗口、多车辆、多屏幕同时跟踪，利用该功能可以对重要车辆和货物进行跟踪服务。

另外，如今有很多智能终端 App 都有定位功能，根据用户所在的地理位置，可以向用户推送距离由近到远的相关服务，如餐饮、电影院、健身房等的信息服务。许多企业也推出了支持移动设备定位的产品，如专为老人、儿童设计的智能定位手表，以智能传感技术为核心，涵盖多种功能，通过 App 手机端进行定位查询、电子围栏设置、自动报警、语音通话等，为老人、儿童出行提供安全保障，如图 4.7 所示。

图 4.7　定位功能的应用

4.2.2　智慧供应链的构建

物流原意为“实物分配”或“货物配送”，而信息化时代背景下的智慧物流是以移动物联网技术为基础，通过移动智能终端、RFID 技术、红外感应和扫描等移动物联网传感技术的融合来感知商品信息与价值的。在智慧物流管理过程中，通过 GPS、移动通信与无线网络技术，将商品信息以智能化形式传递到智慧物流数据库中，实现对所有数据信息的智慧统计、分析、管理、共享与利用，从而为物流管理甚至是整体商业经营提供决策支持。

随着智慧物流的发展，物流行业的许多问题也将迎刃而解。移动物联网对物流业带来的转变主要体现在以下几个方面。

1. 物流信息处理的重大变革

如今，RFID 技术、GPS 技术、GIS 传感技术、视频识别技术、物物通信（M2M）技术等物联网技术被广泛应用于物流园区内物品的流通、加工、包装、仓储、装卸、搬运，物流园区外货物的运输、配送全过程，以及退货和回收物流等逆向物流环节，可以自动获取货物的全部信息，改变了传统人工读取和记录货物信息的方式，实现了物流的主动感知。物流信息被感知是实现物流园区智能化管理与控制的前提。将追溯、监控和感知到的物流信息，通过物流管理信息系统进行智能分析与控制，可以显著提高物流园区的信息化和智能化水平，降低物流作业差错率并提高效率，提高园区物流活动的一体化水平。

2. 物流过程可视化

移动物联网在物流园区中运用较为普遍和成熟的技术是以运输、仓储为主线的物流作业全过程可视化。通过运用物联网技术，实现物流作业全过程的计划管理、过程监控、物品存储状态监控、设备监控、车辆调度、故障处理、运行记录等功能，实现对物流作业过程的实时监控，确保物流园区在运输、仓储、装卸、搬运等过程中的正确、规范、安全运作。

3. 高效精准的仓储管理

基于 RFID 的仓储系统是物联网技术在物流园区仓储系统中使用最广泛的应用，主要包含 RFID、红外感应、激光、扫描等技术。RFID 技术在仓储系统中的主要应用方式是将 RFID 电子标签附在被识别物品的表面或内部，当被识别物品进入识别范围时，RFID 读写器会自动进行无接触读写。这改变了传统的人工作业方式，使仓储系统在作业强度、作业精确度、存储效率等方面都实现了质的飞越。

4. 环境感知与操作

物流园区对环境有着特殊的要求，因此，可以通过传感器技术实现物流环境的各种感知操作。比较常见的是用于冷链物流园区的温度感知、用于医药物流园区的温湿度感知、用于物品重量监测的压力感知及其他特殊场景下的光照强度感知、尺寸感知等。

5. 产品可追溯系统

产品可追溯系统是现阶段产品质量安全管理的有效手段，主要用于事后控制。利用物联网技术，可以通过唯一的识别码对一项产品从选择原材料到交货的过程进行无疏漏追踪，保证商品生产、运输、存储和销售全过程的安全和时效。产品的智能可追溯系统早期主要用于要求高附加值、高安全性的汽车、飞机等工业产品领域，现阶段还用于农产品和医药领域，农产品和药品的可追溯为食品、药品的质量与安全提供了坚实的物流保障。

6. 智能物流配送中心

智能物流配送中心在汽车、烟草、医药等领域应用较为普遍，通过物联网技术实现物流作业的智能控制、自动化操作。较常见的应用包括机器人码垛与装卸、无人搬运车物料搬运、自动分拣线分拣作业、堆垛机自动出入库、配送中心信息与企业 ERP 系统无缝对接等。

以物流业中的快递业为例，引入物联网技术后，所有的快递货物都将被植入 RFID 传感芯片，从客户将货物交给快递公司开始，直到货物被客户签收，该货物将被全程监控。在快递过程的每一个环节中，货物的 RFID 传感芯片都将与物联网系统进行信息传递，从而实现实时监控。货物在任何一个环节出现问题，都可以准确监控。货物损坏、调包、丢失，或者对运输过程中的湿度、温度等的控制，甚至货物搬运的时间和位置都会有详细记录，以便出现问题后及时追溯。

移动物联网推动了智慧物流管理的发展，智慧物流管理系统是实现物流运输的关键环节，如图 4.8 所示。物流运输直接影响智慧物流整体系统的运行。智慧物流供应链管理不仅实现了产品供应商、制造商与消费者的连接，还利用大量的信息管理技术，完成了智慧物流管理系统的有效配置。智慧物流供应链管理是科学和艺术的结合，可以帮助客户在物流上降低成本和提升价值，需要科学的供应链设计，同时在贯彻方案的过程中进行管理。从操作步骤上来看，供应链物流大致分为三部分，即采购、生产、市场营销。这三部分相互影响，利用移动物联网相关的新技术趋势和新商业模式，结合行业实践，为企业实现市场采购，采购的同时兼顾生产过程中的质量控制，才是真正意义上的为企业在物流供应链管理上实现突破。

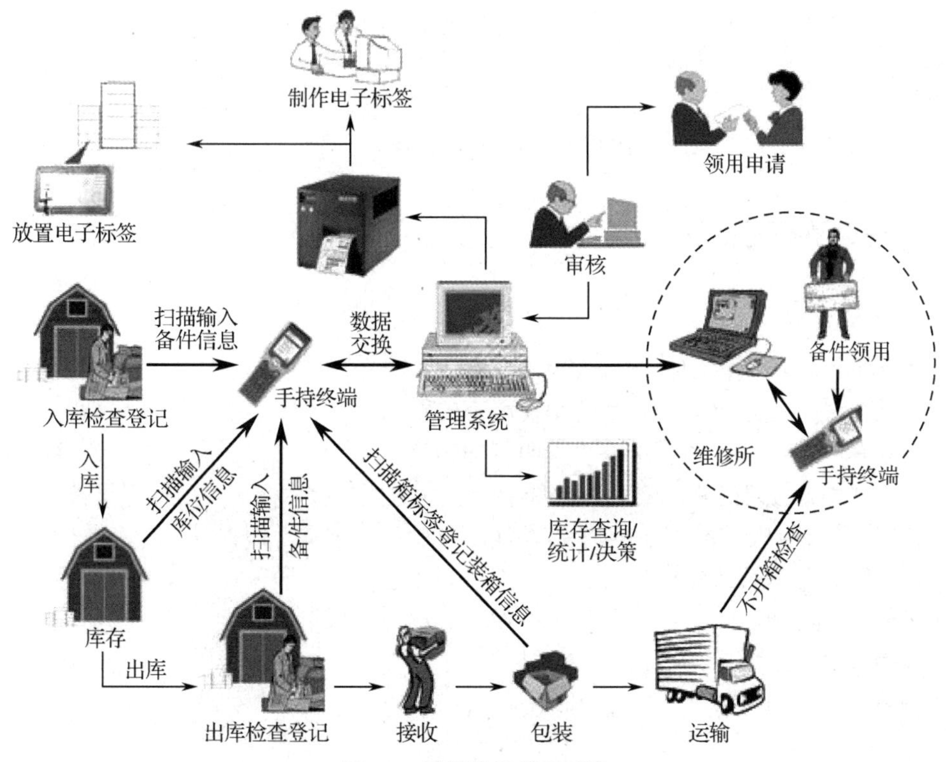

图 4.8　智慧物流管理系统

任务 3　城市建设：极致生活新体验的打造

任务描述

李明通过本章的任务 1 对物联网体系有了系统的认识，加上在公司工作一段时间后，积累了一定的经验。该公司由于业务发展需要，扩展了业务范围，新成立了智能家居子公司。由于李明工作认真负责，表现优秀，所以领导安排他加入子公司，其主要业务是面向大众提供物联网智能家居产品，以及社区规模、单户型智能家居解决方案。李明在感恩领导器重之余，也意识到物联网在智能家居领域的前景，决定进一步学习物联网在智能家居、智能生活方面的应用。

任务分析

物联网技术正在不断地融入人们的生活，随着物质生活水平的提高，广大消费者对生活环境有了更高的要求，如安全、舒适、便利、节能的家居环境和出行环境。要想深入了解物联网在这方面的应用，需要从智能环境的创造者和消费者两个维度去探究。

知识准备

完成任务 1，了解并使用过简单的智能家居设备。

4.3.1　相关的核心技术

1. 嵌入式技术

移动物联网中的大量设备不再依赖人与人之间的交互产生联系，更多通过协议、通信、程序设计等方式连接。物联网的目的是使所有的物品都具有计算机的智能属性，但并不以通用计算机的形式出现，并把这些“聪明”的物品与网络连接在一起，这就需要嵌入式技术的支持。嵌入式技术是移动物联网感知层中较为成熟的技术之一，以计算机技术为基础，并且软硬件可以量身定做，它适用于对功能、可靠性、成本、体积、功耗有严格要求的专用计算机系统。嵌入式系统以嵌入式微处理器为核心，通常嵌入在更大的物理设备中而不被人们察觉，如手机、平板电脑，甚至空调、微波炉、冰箱中的控制部件都属于嵌入式系统。在信息时代、数字时代，嵌入式产品获得了巨大的发展契机，嵌入式设备市场展现了美好的前景，同时对嵌入式设备生产厂商提出了新的要求。

随着嵌入式技术与新兴信息技术的不断发展，智能化概念应运而生，其中智能家居深入人心，如图 4.9 所示。智能家居控制系统利用嵌入式技术，依托无线通信技术，实现智能控制，包括智能安防监控、智能照明、智能门锁、智能喷灌、智能影音、家电控制系统等，使家居更人性化，同时保障家居管理的安全性与便利性，提升家居生活的现代化、科技化。

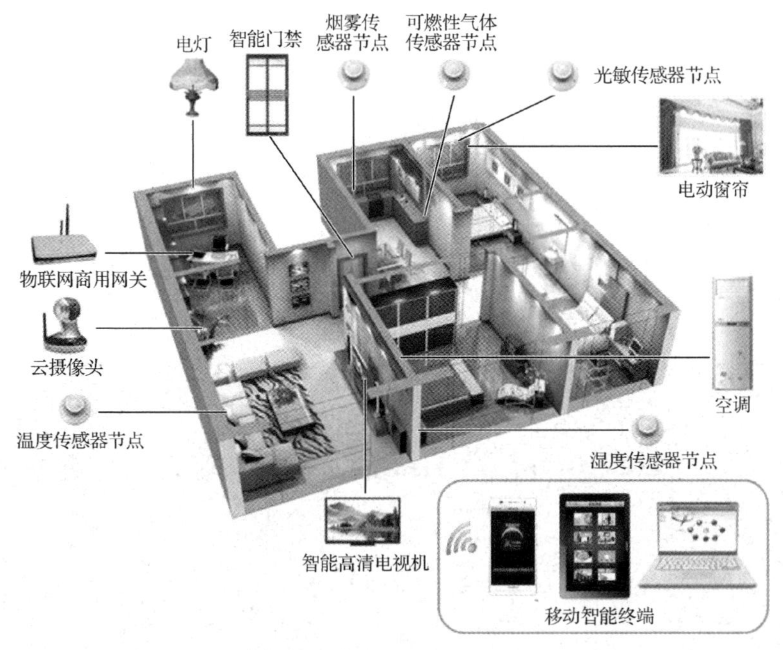

图 4.9 嵌入式智能家居系统

2. 互联网

互联网是移动物联网的基础，将移动物联网与互联网连接是实现感知层信息无障碍传输的前提。随着移动物联网终端之间的通信，包括各移动终端设备的互联越来越紧密，建立无线网络成为大势所趋，移动通信网络技术发挥着关键作用。

国际互联网是一组全球信息资源的汇总，以相互交流信息资源为目的，基于一些共同的协议，通过许多路由器和其他网络互联而成。它是一个信息和资源共享的集合，即广域网、局域网及单机按照一定的通信协议组成的国际计算机网络。

互联网作为实现移动物联网信息传输的主要网络之一，在与移动物联网连接过程中必须满足大量移动终端与海量数据的需求，只有这样才能为硬件设备提供最优质的服务。任何需要使用互联网的计算机或移动终端设备都必须通过某种方式与互联网进行连接，而这些终端设备与互联网之间的连接方式和结构的总称就是互联网接入技术。互联网接入技术的发展非常迅速，带宽由最初的 14.4Kbit/s 发展到如今的 100Mbit/s 甚至 1Gbit/s；接入方式也由过去单一的电话拨号方式，发展成多样的有线和无线接入方式；接入终端也已经朝向移动设备发展，更新、更快的接入方式仍然在研发中。

信息化时代有大量的移动互联网应用进入了人们的日常生活，也有越来越多的移动互联网提供商和运营商加入该领域。因此，相对于传统互联网，移动互联网强调随时随地的网络连接，随着计算机技术与通信业的融合，Wi-Fi 成为热门趋势。

例如，当你出门在外，需要接收工作邮件时，利用移动设备连接 Wi-Fi 便可直接进行邮件接收和回复。Wi-Fi 在移动物联网领域的应用也越来越广泛，这也有利于智能家居建设。通过实现智能家居系统与 Wi-Fi 的连接，用户不在家也可以随时通过移动设备进行远程监控。

3. 移动通信网

全球移动通信系统（Global System for Mobile Communications，GSM）是由欧洲电信标准组织 ETSI 制定的一个数字移动通信标准，其空中接口采用时分多址技术。自 20 世纪 90 年代中期投入商用以来，被全球 100 多个国家采用。使用 GSM 标准的设备占据当前全球蜂窝移动通信设备市场 80%以上，是当前应用最为广泛的移动通信标准。GSM 的发展历程如图 4.10 所示。

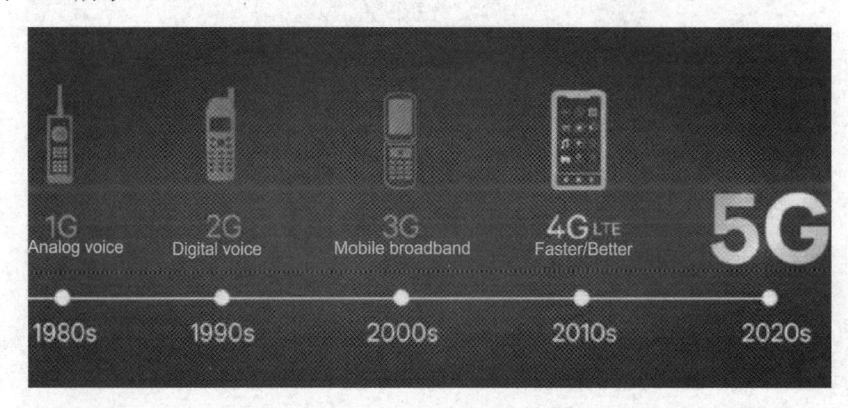

图 4.10 GSM 的发展历程

第一代移动通信系统（1G）是指使用模拟信号、仅限于传输语音信息的蜂窝电话标准，制定于 20 世纪 80 年代，也就是“大哥大”的时代，模拟蜂窝服务在许多地方已经被淘汰。我国在 2001 年彻底关闭模拟移动电话网络，至此，“大哥大”成为历史。

第二代移动通信系统（2G）是以数字技术为主体的移动通信网络，它代替第一代移动通信系统完成了模拟技术向数字技术的转变。由于第二代移动通信系统采用不同的制式，移动通信标准不统一，用户只能在同一制式覆盖的范围内进行漫游，因此无法进行全球漫游；而且第二代数字移动通信系统带宽有限，限制了数据业务的应用，无法满足高速率的业务需求，如移动的多媒体业务。

第三代移动通信系统（3G）能够处理图像、音乐、视频流等多种媒体形式，提供网页浏览、电话会议、电子商务等服务。与第一代模拟移动通信系统和第二代数字移动通信系统相比，第三代移动通信系统是覆盖全球的多媒体移动通信系统。它的主要特点是可以实现全球漫游，使任意时间、任意地点、任意用户之间的交流成为可能。

第四代移动通信系统，即 4G。随着数据通信与多媒体业务需求的扩大，满足移动数据、移动计算及移动多媒体运作需求的第四代移动通信系统正在兴起。2013 年 12 月 4 日下午，工业和信息化部向中国移动、中国电信、中国联通正式发放了第四代移动通信业务牌照（4G 牌照），中国移动、中国电信、中国联通三家均获得了 TD-LTE 牌照，此举标志着中国电信产业正式进入了 4G 时代。4G 集 3G 与 WLAN 于一体，能够快速传输数据，高质量音频、视频和图像等。4G 网络能够以 100Mbit/s 以上的速度下载数据，是家用宽带 ADSL（4Mbit/s）的 25 倍，能够满足几乎所有用户对于无线服务的要求。此外，4G 可以在 DSL 和有线电视调制解调器没有覆盖的地方部署，并扩展到整个地区。整体而言，4G 网络提供的业务数据大多为全 IP 化网络，所以在一定程度上可以满足移动通信业务的发展需求。

然而，随着经济社会及物联网技术的迅速发展，云计算、社交网络、车联网等新型移动通信业务不断产生，对通信技术提出了更高层次的需求。将来，移动通信网络将完全覆盖我们的办公区、娱乐休息区、住宅区，且每一个场景对通信网络的需求完全不同，如一些场景对移动性要求较高，一些场景对流量密度要求较高等，然而 4G 网络难以满足这些需求，所以针对用户的新需求，更加高速、更加先进的第五代移动网络通信系统正在走向市场。

5G 网络是数字蜂窝网络，在这种网络中，供应商覆盖的服务区域被划分为具有蜂窝结构的小地理区域。表示声音和图像的模拟信号在手机中被数字化，由模数转换器转换并作为比特流传输。蜂窝中的所有 5G 无线设备都通过无线电波与蜂窝中的本地天线阵和低功率自动收发器（发射机和接收机）进行通信。收发器从公共频率池中分配频道，这些频道可以在地理上分离的蜂窝结构中重复使用。本地天线通过高带宽光纤或无线回程与电话网络和互联网连接。当用户从一个蜂窝结构穿越到另一个蜂窝结构时，其移动设备将自动切换连接到新蜂窝结构中的天线。5G 网络的主要优势在于，数据传输速率远远高于以前的蜂窝网络，最高可达 10Gbit/s，是 4G LTE 蜂窝网络的 100 倍。5G 网络的另一个优势是较低的网络延迟（更快的响应时间），5G 网络的延迟低于 1 毫秒，而 4G 网络的延迟为 30～70 毫秒。由于数据传输速度更快，5G 网络不仅能为手机提供服务，而且能为一般的家庭和办公网络提供服务，并与有线网络供应商竞争。以前的蜂窝网络提供了适用于手机的低数据速率互联网接入，但是一个手机信号发射塔不能在保证经济效益的同时提供足够的带宽作为家用计算机的一般互联网供应。

为满足万物互联对网络的新需求，如生产设备、家居、车辆、基础设施、公共服务等能够高速、稳定又更加安全地加入网络连接，未来 5G 网络将成为人身安全、生产安全、经济安全、国防安全等方面的重要支撑。另外，经过近 20 年消费互联网的高速发展，我国形成了以 BAT 为代表的一批世界知名的领军互联网企业，这些企业既积累了丰富的数据资源，又拥有强大的计算和技术创新能力，目前正在积极进入物联网、车联网等产业互联网领域，将成为推动 5G 下游应用发展的重要力量。

4. ZigBee

ZigBee 也称为紫蜂，是一种低速短距离传输的无线网络协议，底层采用 IEEE 802.15.4 标准的媒体访问层与物理层，其主要特点是低耗电、低成本、低复杂度、快速、可靠、安全，能支持大量网上节点和多种网络拓扑结构。

ZigBee 同时是一种介于无线标记技术和蓝牙技术之间的无线网络技术。ZigBee 此前被称作“HomeRF Lite”或“FireFly”无线技术，主要用于近距离无线连接，它有自己的无线电标准，能在数千个微小的传感器之间相互协调并实现通信。这些传感器只需要很低的功耗，以接力的方式通过无线电波将数据从一个传感器传输给另一个传感器，因此它们的通信效率非常高。这些数据可以进入计算机中分析或者被另外一种无线技术（如 WiMAX）

收集。从某种角度上来说，ZigBee 提供了无所不在的无线网络，真正实现了任何时间、任何地点进行信息访问服务。

ZigBee 的目标市场主要有 PC 外设（鼠标、键盘、游戏操控杆）、消费类电子设备（TV、VCR、CD、VCD、DVD 等设备上的遥控装置）、家庭内智能控制（照明、煤气计量控制及报警等）、玩具（电子宠物）、医护（监视器和传感器）、工业控制（监视器、传感器和自动控制设备）等非常广阔的领域。ZigBee 的先天优势，使它在移动物联网领域中逐渐成为主流技术，在工业、农业、智能家居等领域得到大规模的应用。例如，它可以用于厂房内的设备控制，以及采集粉尘和有毒气体等数据，在农业方面可以实现温湿度、pH 值等数据的采集并根据数据分析的结果进行灌溉、通风等联动动作，在矿井中可以实现环境检测、语音通信和人员定位等功能。

4.3.2 智能家居：极致生活体验

物联网是开启智能生活的重要标志，移动物联网可以使智能生活更加全面。移动物联网打破了时间、空间、地域的限制，使我们随时随地都处在智能化的环境中。移动物联网时代的生活是基于互联网平台打造的一种全新的智能化生活，利用移动物联网、云计算、自动化及移动互联网等高端智能技术，配合丰富的智能家居终端，将家居设备智能控制、家庭健康感知、环境感知、安全感知、信息交流、购物等家居服务有效结合，为智能家居的用户提供集舒适性、便捷性于一体的低碳、健康、绿色的个性化家居生活。

移动智能终端是实现智能家居系统管理与服务的载体，而移动智能终端在智能家居中的应用最终需要通过移动物联网技术来实现。

1. 环境健康

空气中的许多污染物很难通过肉眼感知，但是可以依靠智能设备进行监测。用户可以通过移动智能设备（手机等）远程查询室内空气健康级别，获得温度、湿度、二氧化碳浓度、PM2.5 浓度等数据，能够有效地检测出室内的空气成分，并在检测到某种污染物超标时自动打开空气净化器，保证使用者室内空气清新，保持最适宜的家居环境。这种基于移动物联网的智能空气检测净化器一般包括进风口、吸气装置、空气净化装置、出气装置、出风口和控制显示系统基本功能模块，其中进风口、吸气装置、空气净化装置、出气装置及出风口依次串联。控制显示系统包括空气质量采集装置、主控制器和显示屏。空气质量采集装置的输出端与主控制器的信号输入端连接，显示屏与主控制器的一路信号输出端连接。主控制器的信号输出端分别与吸气装置、空气净化装置及出气装置连接。在移动物联网这个大环境下，智能空气检测净化器正在成为刚需用品，并有机会成为智能生活的突破口。空气检测与净化需要通过大数据形成从环境监测、数据收集到空气净化的良性循环，并以合理的价格被广大消费者接受。

2. 家庭服务

智能家居使人们的生活更方便，特别是生活节奏快的上班族，可以通过智能家居获得愉悦的体验。例如，用户可以通过手机控制电饭锅，确保在理想的时间煮熟米饭，避免因为加班或者回家路途拥堵而推迟晚餐时间。在酷热的夏季和寒冷的冬季，依靠移动物联网技术，用户可以通过手机远程执行温控操作，控制每个房间的温度，定制个性化模式，从而使房间保持舒适的温度；还可以提前控制家电运行，节省等待的时间，使家庭生活尽在“掌”控之中。智能家居应用之家庭服务如图 4.11 所示。

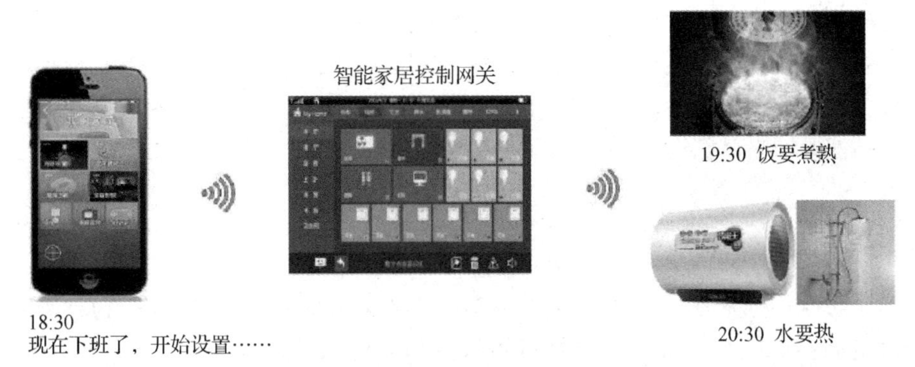

图 4.11　智能家居应用之家庭服务

智能冰箱能够对食品进行智能化管理，并自动进行模式切换，使食物始终保持最佳存储状态。用户可以通过手机或电脑，随时随地了解冰箱中食物的数量、保鲜保质信息，并接收健康食谱和营养禁忌信息，以及及时补充食品提醒等。

植物监测仪可以通过传感器监测植物的生长环境状况，并在植物需要照顾时发出提醒。这些传感装置能随时监测植物周围的环境变化，在植物所处环境未达到其生长所需标准时，植物监测仪的指示灯就会闪烁，温度计和湿度计则会显示标准数值，提醒用户及时调整温湿度。

许多家庭都有养鱼的经历，需要定时投喂饲料、照明杀菌、充气给氧。智能鱼缸可以自动定时定量投喂饲料，自动定时开关照明杀菌灯，监测鱼缸中水的 pH 值、盐度及水温，并可以将这些数据信息通过手机 App 显示出来。

以上只列举了智能家居的部分应用，一套完整的智能家居可以通过移动物联网技术将家中的各种设备连接到一起，如音视频设备、照明系统、窗帘、空调、安防系统等，以提供家电控制、照明控制、电话远程控制、室内外遥控、防盗报警、环境监测、暖通控制、红外转发及可编程定时控制等多种功能和手段。与普通家居相比，智能家居不仅具有传统的居住功能，而且兼备建筑、网络通信、信息家电、设备自动化功能，可以构建高效的住宅设施与家庭日常事务的管理系统，提升家居安全性、便利性、舒适性、艺术性，并实现环保节能的居住环境。

3. 家庭安全

智能安全防范系统可以在社区、家庭中实现安全防范报警点的等级布防，其采用逻辑判断，可以避免误报警。通过将监控摄像头、窗户传感器、智能门铃（内置摄像头）、红外监测器等有效地连接在一起，系统可以进行布防、撤防。用户可以通过移动设备随时随地查看室内的实时情况，保障住宅安全。若发生报警，系统会自动确认报警信息、状态及位置，报警时能够自动强制占线。

通过社区监控无死角覆盖，监控中心可以 24 小时监视社区状态，使访客佩戴定位追踪装置，设定访客路径，超出指定位置自动报警。访客只能进入指定楼层，电梯将访客运送至相应的楼层，如果访客按下其他楼层键，则电梯将不予运行。

家庭智能门锁可以通过人脸、指纹、密码等多种方式开门，如果遇到陌生人试图非法闯入等情况，门锁将自动发送报警信息至业主手机和社区客服中心。

家庭监控系统结合了多种探测器，从而保障室内安全。当无人在家时，监控探测器可以启动对异常移动的报警处理，用户可以通过手机掌握情况，如果有异常情况，即可采取相关措施确保家庭财产安全。当家中有老人或儿童时，用户可以通过手机远程查看他们的生活起居。

4. 家庭娱乐

智能家居应用之家庭娱乐可以实现足不出户的休闲娱乐体验，如图 4.12 所示。手机或者平板电脑中的图片、音乐、电影等可以同步到电视上，与家人及时分享。在家人团聚时，可以进行互动游戏、健身运动等，如体感游戏，通过肢体动作和 VR 技术获得独特体验。

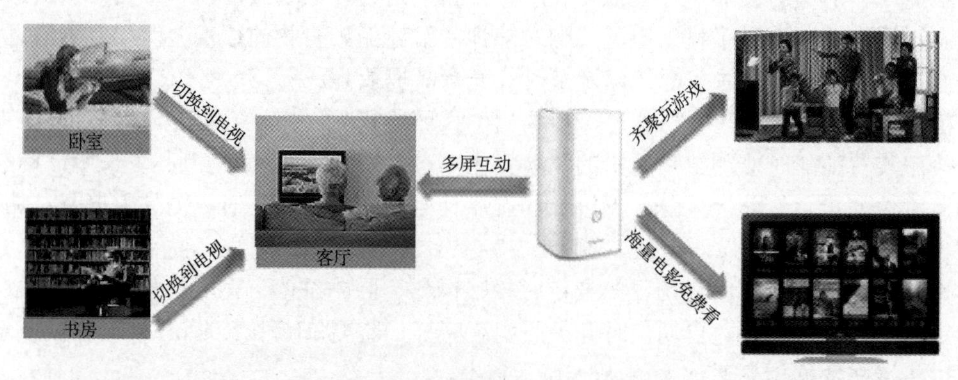

图 4.12 智能家居应用之家庭娱乐

5. 智能运动

随着户外运动人群的增加，结合体感技术、为运动量身定做的智能运动设备受到了越来越多的关注，如运动手表、手环等，如图 4.13 所示。在传统的运动方式中，步数、紫外线、心率等数据很难被监测到，在移动物联网技术的支持下，针对跑步、瑜伽、羽毛球等专项运动的移动应用可以根据用户实际需求，为用户制定合理的运动计划，使运动实现智能化，同时提升用户运动的乐趣，还可以通过社交平台与好友分享，这些都是移动互联网技术赋予物联网的强大功能。

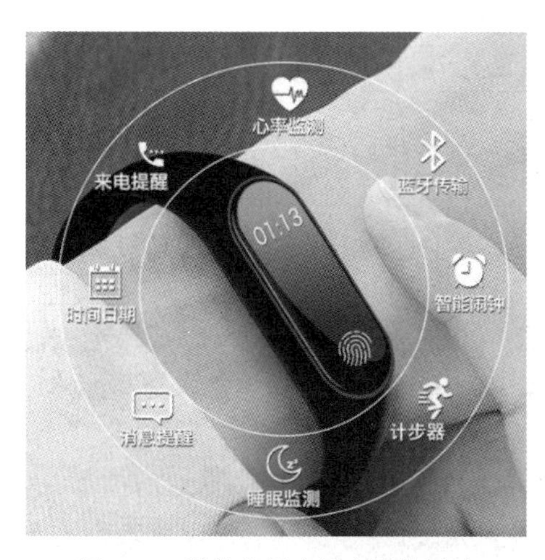

图 4.13　智能家居应用之智能运动

6. 能源管理

上述场景都需要依托智能设备接入云端来保持 24 小时在线，而为了控制成本，要求移动物联网能够根据情况自动切断待机电器的电源。许多人出门都会有偶尔忘记关灯、关空调的情况，借助能源管理技术，智能空调、智能 LED 灯等智能家居设备将能够统一协调工作，实现自动断电。

智能插座是伴随智能家居概念的发展而产生的产品，其设计意图是节约能源，如图 4.14 所示。它通常内置 Wi-Fi 模块，用户可以通过智能手机的客户端来进行功能操作，其最基本的功能是通过手机客户端遥控通断电源，实现定时开关，通常与家电配合使用。

图 4.14　智能家居应用之能源管理

2014 年，小米公司发布了小米智能插座，其亮点是可以通过手机 App 远程控制家电开关。

智能设备给人们的生活带来了很多便利，科技的发展使生活变得更加有趣。

4.3.3 当城市交通遇上移动物联网，出行新体验

智慧城市的构建是信息化与现代通信技术的综合应用，通信感测技术将为智慧城市运行提供决策分析，是智慧城市系统的关键。利用现代通信技术对智慧城市系统中包括公共事务、社会民生、城市服务、公共安全等在内的多项社会需求做出智能响应，将现实世界呈现在数字化网络空间中，最大限度地实现城市的智能化转型。交通是城市生活中极为关键的一部分，是衡量国家现代化水平的重要因素，与居民生活质量和城市经济密不可分。随着城市化水平越来越高，机动车保有量迅速增加，交通拥挤、交通事故频发、环境污染、能源短缺等成为世界各国面临的共同问题。

城市交通智能化是指将先进的信息技术、数据通信技术、移动物联网感知技术、自动控制技术及人工智能技术等集成在智慧交通系统中，致力于为人们提供便捷的智能化服务，从而构建人性化、个性化、智能化的城市交通体系，实现交通运输效率最高、交通资源效益最大化。借助移动物联网技术，融合移动计算、智能识别、数据融合、云计算等技术，形成智慧交通系统，以解决目前遇到的障碍和问题，并逐渐形成主流应用。智慧交通系统体系框架如图 4.15 所示。

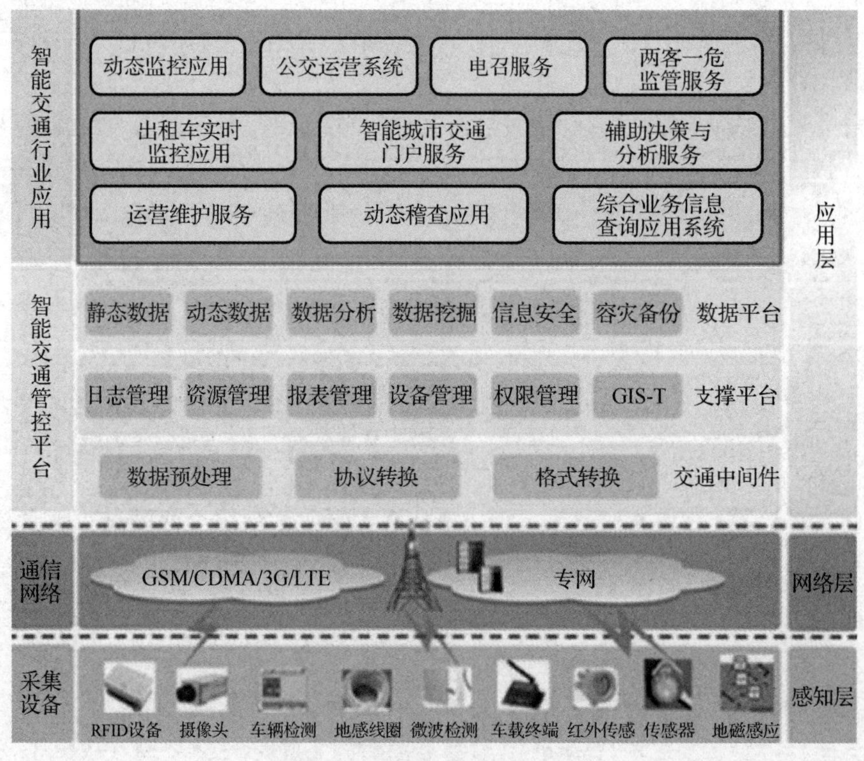

图 4.15 智慧交通系统体系框架

其中，智慧交通的感知层用于实现数据采集，利用各种采集设备，对视频信息、位置信息、车辆速度信息、车辆流通量信息、汽车各部件相关信息进行采集。

智慧交通的网络层利用有线和无线信息传输方式，通过公网或专网将采集到的信息传输到数据平台中。

智慧交通的应用层用于对海量信息进行处理和优化，并提供给智能交通所需要的各业务系统，从而辅助决策与管理。例如，实时更新交通信息，为 GPS 导航的准确性提供保障；实时更新道路信息库、交通流量信息库、车辆状态信息库、停车位信息库，保障交通调度的准确性和安全性；建立专门的视频信息库，为城市安全、交通事故鉴定与处理、车辆调度等提供依据。

智慧交通的核心在“智慧”，涉及的应用如图 4.16 所示。智慧交通使交通智能化，能够及时处理有关信息，并及时做出响应，目的在于使城市交通更便捷、安全和高效。

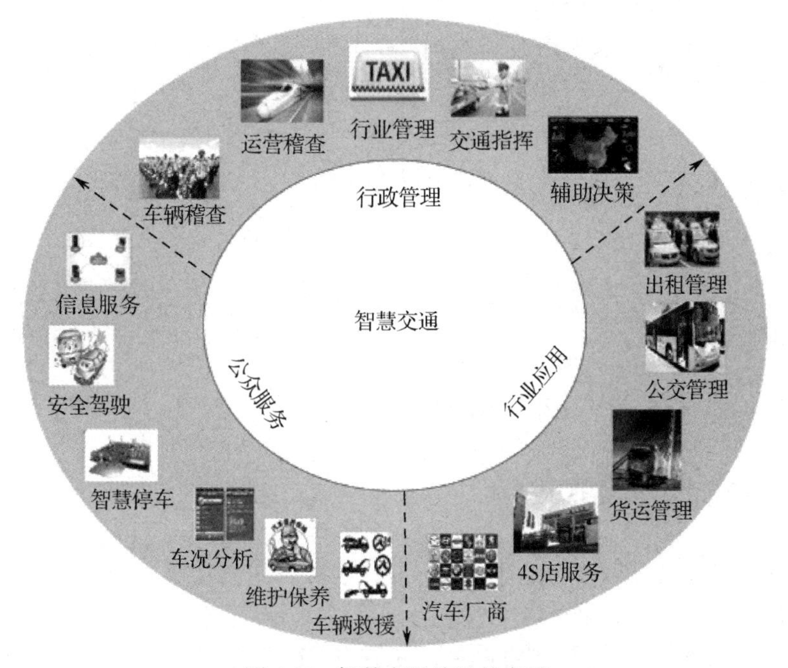

图 4.16　智慧交通涉及的应用

智慧交通的典型应用有以下几方面。

交通实时监控：获取实时交通状况，并以最快的速度提供给驾驶员和交通管理人员。

公共车辆管理：实现驾驶员与调度管理中心之间的双向通信，提升货运车辆、公共汽车和出租车的运营效率。

旅行信息服务：通过多媒介、多终端，向旅行者及时提供关于交通综合状况的信息。

车辆辅助控制：利用实时数据辅助驾驶员驾驶汽车，或替代驾驶员自动驾驶汽车。

以上任何一项应用都是基于移动物联网技术实时获取海量数据，并对这些数据进行实时分析而得以实现的。移动物联网的大数据平台会在采集和存储海量数据的同时，对关联用户信息和位置信息进行深层次挖掘，发现隐藏在数据里面的价值。例如，通过用户 ID 和时间线组织起来的用户行为轨迹模式，对于智慧交通系统提供个性化的旅行信息推送服务具有参考价值。

任务 4　医疗健康：驱动医疗革新的技术

任务描述

党的二十大报告指出，“促进优质医疗资源扩容和区域均衡布局，坚持预防为主，加强重大慢性病健康管理，提高基层防病治病和健康管理能力。”围绕这个重点，利用AR、VR、5G、云计算等技术，实现云端专家和床旁患者“面对面”诊疗，“手把手”指导医师手术操作，让基层百姓“零距离”共享优质医疗服务。在第四次工业革命中，物联网是核心支撑，抓住物联网发展的时代机遇，大力推进中国医疗物联网的健康发展势在必行。物联网赋能智慧医院，如何更好地建设智慧医院成为目前医疗从业者们共同关注的话题。

任务分析

物联网在医疗领域中的应用，将围绕医疗物联网发展现状与趋势，医院物联网建设、运营与维护，医院管理与健康大数据等方面进一步探索。

知识准备

完成任务 1，能够列举出医疗领域中简单的物联网应用实例。

物联网在医疗领域的应用

移动物联网技术的出现，加速了医疗行业的智能化进程。智慧医疗概念的提出，是体现移动物联网技术与医疗行业实现无缝融合的最佳标志。智慧医疗是移动物联网技术应用的重要研究领域，它致力于用先进的技术，打造智慧医疗服务平台，构建以患者为中心的医疗服务体系，成为解决当前看病难、资源浪费等医疗难题的最佳手段。通过打造智慧医疗服务平台，利用传感器设备，结合移动医疗与可穿戴医疗设备，智慧医疗管理模式将最大限度地实现医疗机构与患者、医务人员与患者、医疗设备之间的互动互联。

基于移动物联网技术的智慧医疗能达到高效便捷、经济实惠、信息共享、广泛可靠的目标。高效便捷主要体现在移动物联网技术的应用上，患者可以直接通过移动终端对自身各项身体指标进行检测与管理。电子处方系统与医保系统可以通过网络连接，医生可以通过电子处方直接了解患者药费负担情况，从而根据患者经济情况选择相同类型、有效但价格相对适中的药品。智慧医疗系统涵盖公共医疗数据库，可以实现信息数据库的整合与共享，是一个综合性的医疗网络。公共数据库为患者就诊提供了便利，可以在就诊过程中通过对大量科学数据的研究与分析为诊断提供保障。

其中，移动医疗是智慧医疗系统中十分关键的模块之一。现阶段，手机 App 是实现移动医疗的最佳形式。伴随着通信网络的发展，远程医疗得以实现并不断地扩展应用范围，不再局限于专业领域，更多相关的服务陆续展开。例如，可穿戴医疗设备的出现为患者提供了个性化、智能化的全面医疗服务，可以通过检查指标来纠正其功能性病理状态，通过合理的慢性疾病管理，减少患者急诊和住院治疗的次数。

移动物联网技术的深入发展与移动设备的普及，为移动医疗带来了新机遇。远程医疗实现方式如图 4.17 所示，云计算、移动物联网等技术催生了更多的移动医疗产品和方案。例如，远程血压仪的研究为患者提供了远程医疗监控服务，有利于疾病预防。其中，小米公司通过投资、收购等方式逐渐融入智慧医疗领域，包括对美国著名移动监控品牌“iHealth”的投资，该品牌推出了一款名为 iHealth 的智能血压计。基于移动物联网的医疗保健设备，可以主动监测使用者的生命体征，并准确地告知使用者何时需要进一步护理，更便于使用者定期检查。特别是对于某些会出现并发症的疾病，通过这些设备的及时监测，可以在使用者出现症状之前诊断疾病，起到预防性医疗护理的作用。

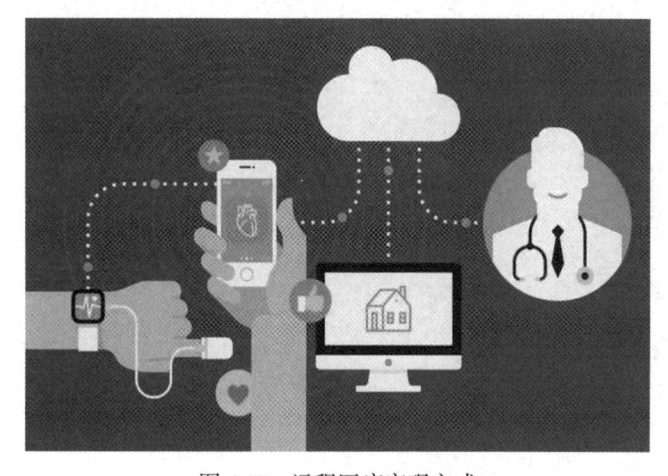

图 4.17　远程医疗实现方式

智慧医疗不仅体现为远程监测、远程诊断的移动医疗和预防性医疗护理，还体现为对医疗环境、流程的优化。医院是主要的医疗环境，基于移动物联网可以优化医院工作流程。例如，患者有随身携带的 RFID 腕带，由中央系统调度自动通知医生和护士进行常规检查或及时处理突发事件，可以减少患者等待时间，并提升医务人员的工作效率，从而将资源利用率最大化，使患者得到更好的医疗护理服务。此外，借助移动物联网技术，实现医院药物、医疗设备库存的管理，使每一盒药、每一套设备的进库和出库都有记录并可跟踪，确保药物、医疗设备不会被误用。

移动物联网技术的发展带动了云计算、大数据等新技术的兴起，医疗领域的移动化日渐明显，全新的在线医疗时代即将来临。其中，大数据的发展成为在线医疗时代、行业互联网化最为典型的特征之一，大数据整合了各种医疗数据，并利用云平台存储这些医疗数据。通过对这些数据的分析，可以为患者提供更精准、更细致的医疗方案。对医生来说，“医疗大数据+移动物联网”能够提供更多的临床决策支持，研究出临床相关性更强和成本效益更高的方案用来诊断和治疗患者。

内容考核

一、填空题

1．物联网产业链可以细分为______、_____、_____、______等环节。

2．目前物联网体系架构主要分为______、_____、_____等层次。

二、思考题

1．请说明京东物流、阿里巴巴菜鸟物流等知名电子商务企业的物流运作情况。

2．试畅想人类的理想居住环境是怎样的。

第5章

网络空间安全

内容介绍

得益于信息技术的高速发展，人们的生活更加便捷：外出有 GPS 帮助定位导航，在家有智能家居协助管理家居环境，在日常交流中对 QQ、微信的使用占据较大比重，足不出户也可以通过外卖品尝到美食，上网有大数据算法个性化推荐，购物有手机支付……而随着人们的日常生活对信息技术依赖程度的提高，大家对网络空间安全方面的讨论也在积极展开。例如，人们会担心连接的 Wi-Fi 是否安全，访问的网站是否有安全漏洞，GPS 是否会泄露自己的重要位置信息，以及移动支付是否可靠等。本章将从网络空间安全的历史、基础知识、网络安全法律法规等方面对与网络空间安全相关的知识进行讲解。

任务安排

任务 1　网络空间安全的前世今生

任务 2　网络安全知多少

任务 3　与网络安全威胁抗衡

学习目标

✧ 了解网络空间安全的发展。

✧ 了解网络空间安全面临的挑战。

✧ 熟悉网络空间安全的基础知识。

✧ 熟悉网络安全法律法规。

任务1　网络空间安全的前世今生

任务描述

迄今为止，人类历史上经历了三次重大的科技革命。第一次科技革命又被称为第一次工业革命，在18世纪60年代从英国发起，以蒸汽机的广泛使用为主要标志，开创了机器代替人力的时代。第二次科技革命在19世纪70年代几乎同时从美国、德国、英国、法国、日本、俄国等多个国家发起，以电力的发明和广泛应用为主要标志，使人类正式进入电气时代。第三次科技革命发生在20世纪四五十年代，是一次世界范围内的科技革命，也是科技领域的一次重大飞跃。第三次科技革命涉及信息技术、新能源技术、新材料技术、生物技术、空间技术等诸多领域，以核能、电子计算机、空间技术和生物工程的发明与应用为主要标志。目前，工业4.0（第四次工业革命）的概念已经被提出。

任务分析

工业4.0的时代，是利用信息技术促进产业变革的时代，是智能化时代。以人工智能、云计算、大数据、物联网等为代表的前沿技术的飞速发展与日益广泛的应用，正将全球推向以现代电子信息技术的巨大变革为核心的新一轮科技革命。信息交流作为人类最基本的社会行为之一，是人类其他社会活动的基础。而信息交流过程中的安全性和信息的保密性尤为重要，其在军事领域中更是成为决定战争成败的重要因素。

知识准备

查阅网络空间安全的发展与演变。
了解网络空间安全的重要性。
探索目前网络空间安全面临的挑战。
了解网络空间安全战略的内容和意义。

5.1.1　网络空间安全的发展与演变

以1949年香农发表的《保密系统的信息理论》为标志，网络空间安全的第一个阶段——通信保密阶段开始了。在这个阶段，人们关心的主要问题是通信安全，面临的主要安全威胁是搭线窃听和密码学分析，其主要的防护措施是数据加密。在这个阶段，技术重点是保证通信数据的真实性，即接收方接收的数据来源于真实且正确的发送方，以及保证通信数据的保密性，即通信数据不被泄露。

以1977年美国国家标准局公布的《数据加密标准》和1985年美国国防部公布的《可信计算机系统评估准则》为标志，通信保密阶段转变为计算机安全阶段。“网络空间”这个名词诞生于国外，科幻小说家威廉·吉布森在其1982年发表的短篇小说 *Burning Chrome*

中首次使用了“Cyberspace”一词。

在威廉·吉布森的笔下，Cyberspace 这个巨大的空间内只有各种信息在高速流动，人类可以通过大脑神经接通电极来感知电脑网络从而实现空间中的信息交互。我们可以看到，这是一个由计算机创建的虚拟信息空间，并且不只是单纯的信息聚合和交换，还包含人类的思想认知。1984 年，威廉·吉布森发表科幻小说《神经漫游者》。1985 年，这部小说史无前例地囊括了雨果奖、星云奖、菲利普·迪克奖等重大奖项，Cyberspace 一词也随之广为人知。但是由于当时的信息技术还不够发达，Cyberspace 一词并未与计算机网络发生直接关联。另外，新阶段的转变使得保密性已经不足以满足人们对安全的需求，完整性和可用性等新的安全需求开始出现。

20 世纪 90 年代之后乃至 21 世纪，信息系统安全成为网络空间安全的核心内容。随着通信和计算机技术相互依存的程度加深，人们的关注对象从计算机转向信息本身。同时，人们也开始关注信息系统的安全。在这个阶段，除了保密性、完整性和可用性，人们还关注不可否认性，以确保网络和信息系统的功能能够正常运行。

随着信息技术与互联网产业的蓬勃发展，Cyberspace 的概念也在不断地丰富，同时被人们赋予了更多计算机网络的含义。21 世纪，网络空间逐渐形成和发展，官方的 Cyberspace 定义开始出现。2008 年，美国第 54 号总统令对 Cyberspace 进行了定义：Cyberspace 是信息环境中的一个整体域，它由独立且互相依存的信息基础设施和网络组成，包括互联网、电信网、计算机系统、嵌入式处理器和控制器系统。1991 年 9 月，《科学美国人》的封面上同时出现的 Network 和 Cyberspace 两个词引起了我国专家学者的注意。Cyberspace 的中文译法曾经存在一定的争议，如“赛博空间”“网络空间”等，目前国内习惯于将其译作“网络空间”。2016 年，国家互联网信息办公室发布的《国家网络空间安全战略》指出，伴随信息革命的飞速发展，互联网、通信网、计算机系统、自动化控制系统、数字设备及其承载的应用、服务和数据等组成的网络空间，正在全面改变人们的生产生活方式，深刻影响人类社会历史发展进程。

5.1.2　网络空间安全的重要性

当前，网络空间正全面改变着人们的生产生活方式。网络空间扩展了信息传播的新渠道，催生了新型技术、新型产业和新型模式，促进了文化的交流和传播，已经成为与陆地、海洋、天空、太空同等重要的人类活动新领域，同时，网络空间主权成为国家主权的重要组成部分。网络空间安全简称网络安全，指网络系统的硬件、软件及其中的数据受到保护，不因偶然的或者恶意的原因遭受破坏、更改或泄露，系统可以连续、可靠、正常地运行，网络服务不中断。可以说，网络空间安全与政治、经济、文化、社会安全休戚相关。

网络空间安全事关政治与军事。因为信息传播速度快、跨时空、资源共享、即时性等优点，网络已经超越传统媒体成为具有主导性的信息传播方式。但是，参与网络信息传播的人数众多，传播者目的不明及传播信息可靠性低等问题，对现实问题和矛盾具有极大的激化放大作用，给一些别有用心的组织和个人提供了可乘之机，极易使一些简单问题复杂化、局部问题全局化、正常问题畸形化。同时，以网络技术为核心的高新信息技术在军事领域被广泛应用，信息系统与网络成为新的作战要素，战争形态正在从传统战争向信息化战争的方向发展。网络空间关乎政治，更关乎国家安全，网络空间已经成为国家军事斗争的重要战场。网络空间的军事竞争和对抗、网络战争的准备和实施，都对国家军事安全与军事斗争成败具有决定性的影响。

网络空间安全事关经济秩序。商务活动的电子化在为人们的生活、工作提供便利的同时，也带来了危机。例如，金融、能源、电力、通信、交通等领域的关键信息基础设施均是经济社会运行的神经中枢，也是网络空间安全的重点保护对象，一旦遭受网络攻击，个人乃至国家的经济都将遭受重大损失。2010 年，伊朗政府宣布大约 3 万个网络终端感染“震网”病毒，且病毒攻击目标直指核设施。震网（Stuxnet）病毒是第一个专门定向攻击真实世界中基础（能源）设施的“蠕虫”病毒，比如核电站、水坝、国家电网。它摧毁了伊朗浓缩铀工厂大约五分之一的离心机，导致伊朗布什尔核电站放射性物质泄漏，其危害不亚于切尔诺贝利核电站事故。2015 年，波兰航空公司的地面操作系统遭遇黑客攻击，致使系统瘫痪时间长达 5 个小时左右，至少 10 个班次的航班被取消，1400 多名乘客滞留机场，这也是全球首次出现航空公司操作系统被攻击的情况。

网络空间安全事关文化安全。新兴媒体的快速发展使网络成为文化的重要载体和传播渠道，从 BBS、E-mail、博客，到 QQ、微信、微博、快手，网络上各种文化和思想可以相互交流与碰撞。但是与此同时，少数网民充当网络不良信息的写手和推手，带动虚假信息经过舆论传播，一些负面情绪通过网络空间被发酵放大，严重污染了网络环境。这些负面信息败坏社会风气，误导价值取向，危害文化安全。网络空间安全无论是对一个国家民族文化传统的继承和发扬，还是对一个国家人民的价值观都将产生重要影响。

5.1.3 网络空间安全面临的挑战

与网络空间安全快速发展形成鲜明对比的是目前网络空间安全保障能力的局限性。人们对网络社会进一步发展的迫切需求和现阶段网络空间安全治理能力有限之间的矛盾已经成为影响国家安全和经济社会发展的重大问题。相对于传统安全问题来说，网络空间安全问题更加综合、更加复杂、更加抽象。细数近年来出现的网络空间安全事件，网络空间安全形势不容乐观，网络威胁就像一只隐性的手，正穿过计算机伺机窃取我们的个人数据（见图 5.1）。

图 5.1　网络空间安全事件频发

2018 年 2 月，韩国平昌冬季奥运会开幕式当天遭遇黑客攻击，导致服务器和平昌冬奥会网站不得不被临时关闭，官网停止服务时间长达 12 个小时左右，直播无法正常收看，观众因无法打印门票而未能正常入场。2018 年 3 月，伊朗黑客对美国、澳大利亚、英国、加拿大、德国等全球约320所大学及私人机构的系统进行了入侵，盗取了相当于3个美国国会图书馆馆藏的约31TB资料，价值高达34亿美元左右。黑客使用的手段非常简单，即假扮其他大学的教授，向涉事的300多所大学的教授发送声称对他们的研究感兴趣的电子邮件。该电子邮件带有链接且包含病毒，只要他们单击了该链接，就会将其引导至虚假网站，并要求重新输入用户名和密码，使黑客获得他们的个人资料。2018年5月，一款名为VPNFilter的恶意软件在全球蔓延。VPNFilter破坏性较强，可以通过烧坏用户的设备来掩盖其踪迹。通过VPNFilter，攻击者可以监测网络流量，拦截网络信息，隐藏恶意攻击来源。这个软件使得54个国家遭受入侵，至少50万个路由器和存储设备受到感染。2018年9月，GlobeImposter勒索病毒入侵山东省多地不动产登记系统，致使这些系统出现数据缺失、无法显示、无法存储等问题，同时山东省10个市多地发布暂停受理不动产业务登记的通告。2018年11月，连锁酒店巨头喜达屋母公司万豪国际酒店客房预订数据库被黑客入侵，大约5亿个客户信息被泄露，其中有超过500万个未加密的护照号码和大约860万个加密信用卡号码被盗。2019年3月，俄罗斯50多家大型企业遭遇大规模网络攻击，攻击者使用物联网设备尤其是路由器，伪装成多家知名公司发送钓鱼电子邮件，对公司人员进行勒索攻击。

2019年上半年，我国国家互联网应急中心（CNCERT）协调处置网络空间安全事件约4.9万起，同比减少7.7%，其中安全漏洞事件最多，其次是恶意程序、网页仿冒、网站后门、网页篡改、DDoS攻击等事件。根据报告，在工业互联网安全方面，累计监测发现我国境内暴露的互联网工业设备数量共6814个，涉及西门子、韦益可自控、罗克韦尔等37家国内外厂商的50种设备类型。其中，存在高危漏洞隐患的设备占比约34%，这些设备的厂商、型号、版本、参数等信息长期遭受恶意嗅探，仅在2019年上半年嗅探事件就高达5151万余起。另外，CNCERT发现境内具有一定用户规模的大型工业云平台达到40多家，业务涉及能源、金融、物流、智能制造、智慧城市、医疗健康等方面，并监测到根云、航天云网、COSMOPlat、OneNET、OceanConnect等大型工业云平台持续遭受漏洞利用、拒绝服务、暴力破解等网络攻击，这充分说明工业云平台已经成为网络攻击的重点目标，一旦它遭受攻击，生产能力就有可能被摧毁。

在重点行业安全方面，涉及国计民生的重点行业监控管理系统因为存在网络配置疏漏等问题，可能会直接暴露在互联网上。2019年上半年，CNCERT对水电和医疗健康两个行业的联网监控或管理系统开展了网络空间安全监测与分析，发现水电行业暴露相关联网监控系统139个，涉及生产管理和生产监控两大类；医疗健康行业暴露相关数据管理系统709个，涉及医学信息和基因检测两大类。

在移动互联网终端应用方面，报告显示我国境内应用商店数量已经超过200家，上架应用约500万款，下载总量超过1万亿次。与此同时，移动App强制授权、过度索权、超范围收集个人信息的现象频繁出现。CNCERT监测分析发现，在目前下载量较大的千余款移动App中，每款App平均申请25项权限，其中申请了与业务无关的拨打电话权限的App数量占比超过30%。每款App平均收集20项个人信息和设备信息，包括社交、出行、招聘、办公、影音等。大量App存在探测其他App或读写用户设备文件等异常行为，对用户的个人信息安全造成潜在安全威胁。

我国有关部门针对移动App违法违规收集和使用个人信息、互联网网站安全等领域开展专项治理工作，以便规范市场秩序，维护我国网络安全。2022年9月，由中国信息安全测评中心牵头编写的《2022上半年网络安全漏洞态势观察》报告正式发布。该报告指出：2022年上半年，网络安全漏洞形势依旧严峻，高危漏洞数量不断增长，漏洞利用渐趋隐蔽，融合叠加风险攀升，在野漏洞利用成为重大网络安全热点事件的风险点以及国家级APT活动的新手段。美欧国家从漏洞发现收集、修复消控、协同披露、出口管制等层面加大管控力度。

5.1.4 网络安全战略

网络的飞速发展及其开放性决定了网络安全威胁是世界各国面临的共同威胁，只有网络安全得到保障，国家利益与安全才能得到保障。网络安全形势日益严峻，各国对网络安全的重视与日俱增。为了应对网络安全威胁，加强网络安全防护能力，多个国家陆续发布了有关网络安全战略的政策。

1. 国外网络安全战略

2009年6月，英国出台了首个国家网络安全战略，表示在21世纪必须确保网络空间的安全，同时宣布成立两个网络安全新部门：网络安全行动中心和网络安全办公室。前者负责协调政府和民间机构的计算机系统安全保护工作，后者则负责协调政府各部门的网络安全。英国《国家网络安全战略2011—2016》表示将投资8.6亿英镑建立更加可信和适应性更强的数字环境，增强网络弹性，打击网络犯罪，提升英国网络安全能力。该战略不仅针对威胁国家安全的恐怖主义活动，也将打击危害公众日常生活的网络犯罪。2016年11月，英国政府发布了《国家网络安全战略2016—2021》，指出英国将在2016年到2021年期间投资约19亿英镑用于加强网络安全，争取在2021年让英国成为安全的数字国家，具备网络弹性。同时计划成立一个国家网络安全中心，作为英国网络安全环境的权威机构，主要致力于分享网络安全知识，修补系统性漏洞，为英国网络安全问题提供指导。另外计划成立两个新的网络创新中心，以便推动先进网络产品和网络安全公司的发展。

德国政府于2011年2月出台了《德国网络安全战略》，设立了网络安全理事会。理事会每年召开3次会议，共同商讨德国面临的网络空间安全问题。同年4月成立了国家网络防御中心，主要负责协调政府各部门之间的网络安全合作，处理关于网络攻击的事宜。《德国网络安全战略》指出，网络安全应该成为各国、国际社会、企业和社会民众需要共同面临的核心挑战；强调在不影响网络空间开发和利用的前提下，着重改善网络安全的框架条件。2016年11月，德国政府发布了一项新的网络安全战略计划。根据这项新的网络安全战略计划，德国政府将重点关注以下领域：保护关键信息基础设施、保护信息系统安全、加强公共管理领域信息安全、成立网络应急响应中心、成立网络安全委员会、有效控制网络空间犯罪行为等。为了有效应对来自军事领域的网络攻击，2017年4月德国武装部队正式成立网络信息司令部，24小时不间断运行，捍卫包括德国信息基础设施、需要计算机支持的武器系统等。2018 年 8 月，德国政府宣布新设网络安全创新局，旨在投资开发网络安全新技术，保护关键基础设施，加强网络安全方面的建设力度。

2011 年 5 月，美国政府出台首份《网络空间国际战略》，宣称要建立一个“开放、互通、安全和可靠”的网络空间，应对网络发展给国家和国际社会的安全带来的新挑战。2013 年 5 月，美国在《网络政策评估报告》中指出网络安全的风险构成了 21 世纪最严峻的经济挑战和国家安全挑战。2017 年 12 月，美国白宫发布了特朗普任期内第一份《国家安全战略报告》，以较大篇幅阐述网络空间安全。该报告表示，美国对网络时代挑战和机遇的应对将决定其未来的繁荣与安全，网络空间为国家和非国家行为者提供了在不跨越美国边界的情况下，发动针对政治、经济和安全利益的颠覆活动的能力。网络攻击为对手提供了成本低廉且难以被确认，但是破坏性极强的便利手段。该报告指出网络暴力犯罪、网络跨国犯罪等问题给公民带来的伤害并要求在网络安全方面投入更大的力度，甄别网络攻击和破坏，从确保国家安全、促进经济发展、增强军事实力和扩展美国影响四个角度，为提升网络空间安全做出政策规划，进一步强调网络空间的竞争性。

2012 年 3 月，欧盟委员会发布欧洲网络安全策略报告，确立了部分具体目标。2012 年 5 月，欧洲网络与信息安全局发布《国家网络安全策略——为加强网络空间安全的国家努力设定线路》，提出了欧盟成员国国家网络安全战略应该包含的内容和要素。2013 年 2 月，欧盟发表首份网络安全战略，明确以一个开放、安全和可信的网络空间为目标，并对当前面临的网络安全挑战进行评估，确立了网络安全指导原则，明确了各利益相关方的权利和责任，确定了未来优先战略任务和行动方案。

日本于 2013 年 6 月发布的《网络安全战略》强调网络安全防御的重要性，表示要塑造全球领先、高延展和有活力的网络空间，在日本实现一个与世界上最先进的 IT 国家相匹配的安全网络，实现较强的网络攻防系统。

法国《信息系统防御和安全战略》提出了 4 个战略目标，即成为世界级的网络防御强国、通过保护主权信息确保决策自由、加强国家关键基础设施网络安全和确保网络空间安全。

2017 年 10 月，俄罗斯总统普京在负责制定国家安全政策的联邦安全会议上指出，网络安全对俄罗斯具有战略意义，事关国家主权和安全、国防能力和经济发展，应该努力提高网络安全水平，必须继续打击利用网络宣扬激进、极端和恐怖主义的个人及组织，制止其在网络上散布危害国家、社会和公民安全的信息。同时要求有关部门最大限度地减少使用外国软件程序和通信设备，继续落实针对俄罗斯国家机构制定的信息通信产品进口替代计划，同时确保俄罗斯互联网设施平稳运行，保障公民正常使用网络。俄罗斯高度重视网络安全，将网络信息战提高到极高的地位。

2. 我国网络安全战略

从中央网络安全和信息化领导小组（现已更名为“中央网络安全和信息化委员会”）在第一次会议上明确提出“没有网络安全就没有国家安全，没有信息化就没有现代化”，到突出强调“树立正确的网络安全观”，再到明确要求“全面贯彻落实总体国家安全观”，党的十八大以来，以习近平同志为核心的党中央高度重视网络安全工作，就做好网络安全工作提出明确要求，为筑牢国家网络安全屏障、推进网络强国建设提供了根本遵循。

2016 年 12 月 27 日，经过中央网络安全和信息化领导小组批准，国家互联网信息办公室发布《国家网络空间安全战略》，为今后十年乃至更长时间的网络安全工作做出了全面部署，如图 5.2 所示。

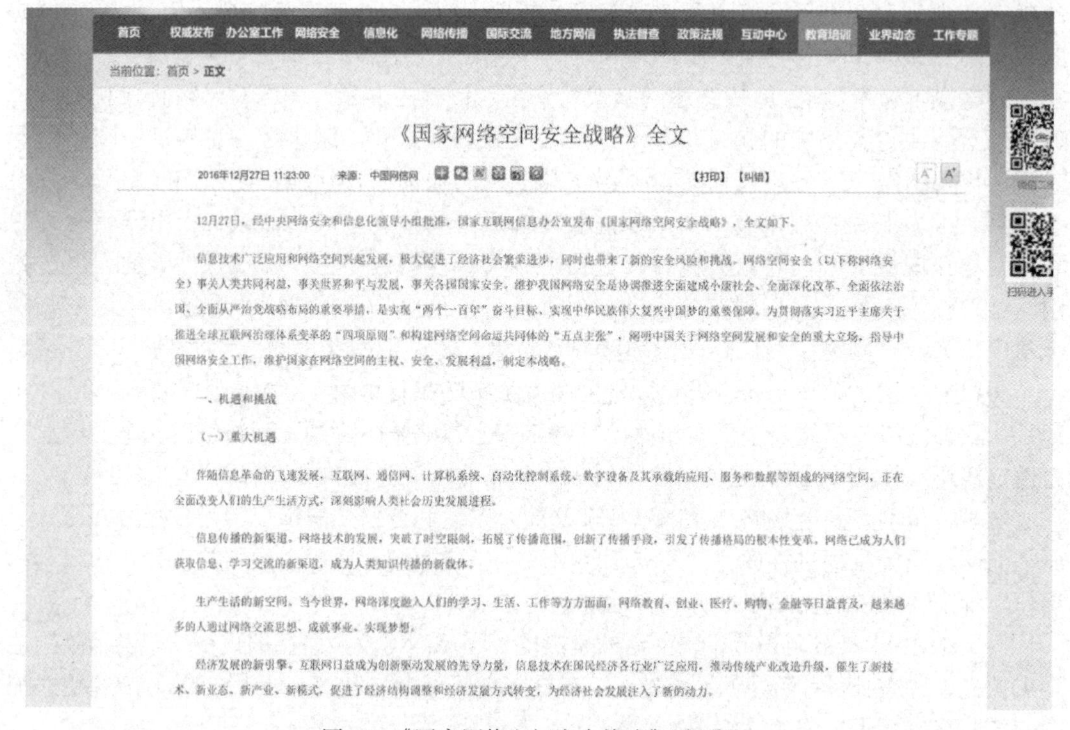

《国家网络空间安全战略》全文

2016年12月27日 11:23:00 来源：中国网信网 【打印】【纠错】

12月27日，经中央网络安全和信息化领导小组批准，国家互联网信息办公室发布《国家网络空间安全战略》，全文如下。

信息技术广泛应用和网络空间兴起发展，极大促进了经济社会繁荣进步，同时也带来了新的安全风险和挑战。网络空间安全（以下称网络安全）事关人类共同利益，事关世界和平与发展，事关各国国家安全。维护我国网络安全是协调推进全面建成小康社会、全面深化改革、全面依法治国、全面从严治党战略布局的重要举措，是实现"两个一百年"奋斗目标、实现中华民族伟大复兴中国梦的重要保障。为贯彻落实习近平主席关于推进全球互联网治理体系变革的"四项原则"和构建网络空间命运共同体的"五点主张"，阐明中国关于网络空间发展和安全的重大立场，指导中国网络安全工作，维护国家在网络空间的主权、安全、发展利益，制定本战略。

一、机遇和挑战

（一）重大机遇

伴随信息革命的飞速发展，互联网、通信网、计算机系统、自动化控制系统、数字设备及其承载的应用、服务和数据等组成的网络空间，正在全面改变人们的生产生活方式，深刻影响人类社会历史发展进程。

信息传播的新渠道。网络技术的发展，突破了时空限制，拓展了传播范围，创新了传播手段，引发了传播格局的根本性变革。网络已成为人们获取信息、学习交流的新渠道，成为人类知识传播的新载体。

生产生活的新空间。当今世界，网络深度融入人们的学习、生活、工作等方方面面，网络教育、创业、医疗、购物、金融等日益普及，越来越多的人通过网络交流思想、成就事业、实现梦想。

经济发展的新引擎。互联网日益成为创新驱动发展的先导力量，信息技术在国民经济各行业广泛应用，推动传统产业改造升级，催生了新技术、新业态、新产业、新模式，促进了经济结构调整和经济发展方式转变，为经济社会发展注入了新的动力。

图 5.2 《国家网络空间安全战略》（部分）

根据《国家网络空间安全战略》，目标为"以总体国家安全观为指导，贯彻落实创新、协调、绿色、开放、共享的发展理念，增强风险意识和危机意识，统筹国内国际两个大局，统筹发展安全两件大事，积极防御、有效应对，推进网络空间和平、安全、开放、合作、有序，维护国家主权、安全、发展利益，实现建设网络强国的战略目标"。原则为"尊重维护网络空间主权、和平利用网络空间、依法治理网络空间、统筹网络安全与发展"4 个方面。战略任务为"坚定捍卫网络空间主权、坚决维护国家安全、保护关键信息基础设施、加强网络文化建设、打击网络恐怖和违法犯罪、完善网络治理体系、夯实网络安全基础、提升网络空间防护能力、强化网络空间国际合作"9 个方面。

2018 年 11 月 7 日，第五届世界互联网大会在浙江省嘉兴市乌镇开幕。习近平致贺信强调，世界各国虽然国情不同，互联网发展阶段不同，面临的现实挑战不同，但推动数字经济发展的愿望相同，应对网络安全挑战的利益相同，加强网络空间治理的需求相同。各国应该深化务实合作，以共进为动力、以共赢为目标，走出一条互信共治之路，让网络空间命运共同体更具生机活力。

2019 年，全国各级网络信息系统以习近平新时代中国特色社会主义思想特别是习近平总书记关于网络强国的重要思想为指导，强化关键信息基础设施防护，加强网络安全信息统筹机制、手段、平台建设，不断创新网络安全人才培养使用机制，深入开展网络安全知识技能普及工作，全方位铸造网络安全的“金钟罩”。

任务 2　网络安全知多少

任务描述

从习近平同志亲自担任中央网络安全和信息化委员会主任、教育部更新学科目录将“网络空间安全”增设为一级学科这两个事件中，可以看出我国对网络空间安全的重视。作为一门综合性学科，它与计算机科学、网络技术、通信技术、密码学、信息安全技术、应用数学、数论、信息论等多种学科密不可分。要了解网络空间安全，对其基础知识的学习和理解是必不可少的。

任务分析

在本任务中，我们先从认识网络安全开始，了解网络安全的几大基本属性，并在此基础上理解网络安全体系结构。同时，网络空间的信息安全需要采用密码学的相关技术来保护，因此密码学是一块非常重要的奠基石。

知识准备

了解网络安全具备哪些基本属性和特点。

探索日常生活中哪些方面运用了密码学。

5.2.1　网络安全的基本属性

1. 完整性

完整性指信息在传输、交换、存储和处理过程中，不被偶然或蓄意地修改、删除、伪造、损坏和丢失等，即要求信息不受到各种因素及任何程度的破坏，如图 5.3 所示。

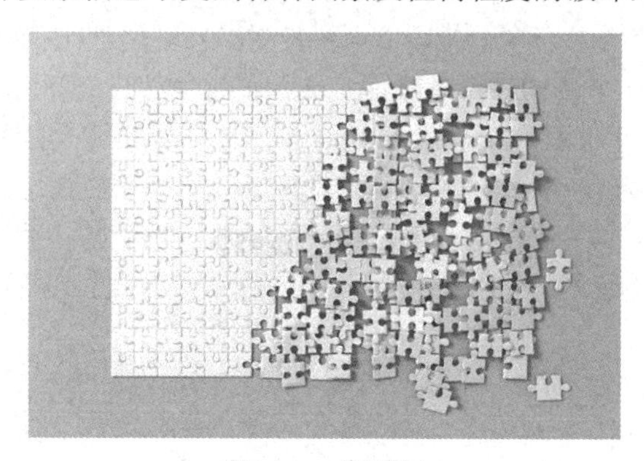

图 5.3　完整性

影响信息完整性的主要因素有设备故障、误码、人为攻击、计算机病毒等。

2. 保密性

保密性指信息不被泄露给非授权的个人、实体或过程，即杜绝将有用信息泄露给非授权对象，强调有用信息只被授权对象知晓和使用的特征。

例如，小 A 同学画了一幅画藏起来，只想给小 B 同学一个人看，小 C 同学在打扫卫生的时候，无意间发现了这幅画，和其他同学一起打开看了，这幅画的保密性就被破坏了。

保密性不但包括信息内容的保密，还包括信息状态的保密。例如，小 A 和小 B 有一套独属于他们俩的特殊交流符号，小 C 看到小 A 和小 B 的聊天记录，不明白具体内容，但是有一天，小 A 和小 B 突然有了大量的聊天互动，那么通过突增的通信流量，小 C 便可以推断出小 A 和小 B 可能在讨论什么重磅信息。所以，即使我们无法破解加密信息，也仍然可以从通信流量的骤增情况（即信息状态）推断出某些重要的结论，同理这也适用于军事领域。

确保信息状态保密的方式很多，既可以采用隔离、掩蔽等各种物理方法，也可以采用对信息加密的方法，还可以在保证带宽的前提下通过加入大量冗余通信流量始终保持信息状态的恒定，以免泄密。

3. 可用性

可用性指信息可以被授权对象正确访问并按需求使用。例如，在授权对象需要信息服务时，信息服务应该可以使用，或者在网络和信息系统部分受损、系统遭受攻击破坏或需要降级使用时，相应系统能快速恢复并为授权对象提供有效服务。

以大家最熟悉的手机为例，平时手机熄屏放在口袋中，当我们需要使用手机时，通常需要先进行一个授权（如指纹识别）操作，授权成功后则可以解锁并使用手机提供的服务。当手机因为故障死机而无法进行操作时，用户通常会重启手机以便快速恢复有效服务。

信息可用性与硬件可用性、软件可用性、人员可用性、环境可用性等方面有关。硬件可用性最为直观和常见。软件可用性是指在规定的时间内，程序成功运行的概率。人员可用性是指人员成功地完成工作或任务的概率。人员可用性在整个系统可用性中扮演着重要角色，因为系统失效大概率是人为差错造成的。环境可用性是指在规定的环境内，保证信息处理设备成功运行的概率。这里的环境主要是指自然环境和电磁环境。

【知识扩展】还有一个名词叫作可靠性，我们需要注意区分可用性和可靠性。可靠性是指在规定的时间间隔内和规定的条件下，系统或部件执行具体功能的能力。如果说可用性强调的是一种短暂的状态，那么可靠性则强调的是一种持续的状态。例如，手机能够随时被快速唤醒，但是启动软件十分缓慢，这代表高可用、低可靠；手机唤醒缓慢，但是启动软件快速，这代表低可用、高可靠。从某种程度上说，可用性是可靠性的前提。

4. 不可否认性

不可否认性又被称为不可抵赖性，指通信双方在信息交互过程中，确信参与者本身及参与者所提供的信息的真实统一性，即所有参与者都不能否认或抵赖本人的真实身份、提供信息的原样性和完成的操作与承诺，如图 5.4 所示。

图 5.4　不可否认性

例如，小 B 同学说："谁做出了这道计算题，我就请谁吃饭。"大家把小 B 同学的这句话录了下来。小 A 同学做出了这道题，那么这时小 B 就不能否认他说过这样的话，这就是最简单的不可否认性。

【知识扩展】除不可否认性以外，在某些特殊的情况下，例如实体和服务提供商在请求与提供服务时，会要求实现可否认性。可否认性的意义在于，非可信第三方无法获取实体的真实服务需求，从而在一定的程度上保护用户隐私。

5. 可控性

可控性指对流通在网络系统中的信息传播范围及具体内容能够实现有效控制，即网络系统中的任何信息要在一定的传输范围和存放空间内可控。就像我们上课时必须在教室范围内一样，如果我们在上课期间离开了教室，就是不可控的。

传播站点和传播内容监控是最常规的可控形式，典型方式有密码托管，当把加密算法交由第三方管理时，必须严格按照规定来可控执行。

5.2.2　网络安全体系结构

学习过计算机网络的同学一定了解 OSI 参考模型。OSI 中文名称为开放系统互联，将计算机网络体系结构分为七层，分别是物理层、数据链路层、网络层、传输层、会话层、表示层和应用层，如图 5.5 所示。

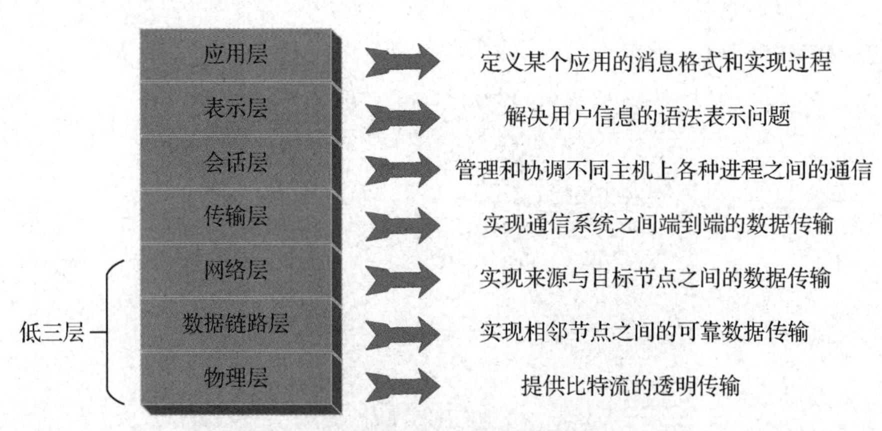

图 5.5　OSI 参考模型及对应的层次功能

OSI 参考模型是一种非常经典的理论模型，现实中的应用均在此模型的基础上衍生改进，而 ISO/IEC 7498-2:2018 标准描述了基于 OSI 参考模型的一种网络安全体系结构。该标准定义了系统应该提供的安全服务和相关的安全机制，其中安全服务有 5 种，分别为鉴别、访问控制、数据完整性、数据保密性、抗抵赖性；安全机制有 8 种，分别为加密、数字签名、访问控制、数据完整性、鉴别交换、业务流填充、路由控制、公证。下面对它们进行简单介绍。

【知识扩展】要想全面了解网络安全，需要建立“安全需求→安全服务→安全机制→安全产品”的逻辑。首先要明确对系统安全的需求，其次由系统提供对信息数据或系统资源进行保护的处理服务，即安全服务，而安全机制为安全服务提供了技术手段，并通过安全产品具体实现（安全产品是安全机制的载体）。

下面先介绍 5 种安全服务。

1. 鉴别

鉴别又被称为认证，与保证通信的真实性相关，分为对等实体鉴别和数据原发鉴别两种。对等实体鉴别提供同等通信实体的身份认证，保证通信双方是如他们自己所声称的实体，是真实可信的，另外还要保证通信过程中不受第三方的干扰。数据原发鉴别主要提供对数据来源真实性的确认，但并不对数据的复制和修改提供保护。

2. 访问控制

访问控制是一种限制控制系统或应用进行访问的能力，它决定了实体对资源的访问权限，用来防止非授权对象访问系统资源。以教务系统为例，学生只能访问学生账号得到授权的项目，比如查看成绩、查看课程表，而且这些信息都是只读的，学生无法对这些数据进行删除或修改。任课老师可以对所授科目的成绩进行查询或修改，但是无法对其他科目的成绩进行查询或修改，这就是访问控制机制在发挥作用。

3. 数据完整性

数据完整性主要针对整个数据流，保证接收方收到的数据和发送方发送的数据完全一致，没有经过复制、插入、修改、删除或重播，从而防止数据受到破坏。

4. 数据保密性

前文已经介绍过数据保密性，数据保密性一方面能够保证数据不被未经授权地泄露，另一方面可以防止攻击者通过通信业务流量分析出其他数据特征。

5. 抗抵赖性

抗抵赖性是指防止接收方或发送方否认自己实施过的行为的特性。例如，A 同学将书借给了 B 同学，事后 A 同学无法否认这本书是自己借出去的，B 同学也不能否认自己收到了这本书。这就是抗抵赖性涵盖的两个方面，原发抗抵赖和接收抗抵赖。

下面介绍 8 种安全机制。

1. 加密

加密主要是指运用数学算法将容易理解的数据转换为无法理解的字符形式的安全机制，在为数据提供保密性的同时对其他安全机制起到补充作用。

2. 数字签名

简单来说，数字签名可以被理解为附加的一种数据，以便接收方验证数据及其完整性。数字签名机制主要有签名过程和验证签名过程。签名过程是指使用签名者的私有信息，以保证签名的唯一性。验证签名过程使用的信息是公开的，每个人都可以利用公有信息验证签名。

3. 访问控制

访问控制既是一种安全服务，也是一种具体的安全机制。访问控制机制可以通过使用实体已经获得的授权等方式判断一个实体是否拥有访问权，如果实体试图访问非授权的资源，访问控制机制就会阻止并报警。

访问控制机制可以建立一种或多种手段，如访问控制列表、鉴别信息、试图访问的时间、试图访问的路由或地址、访问持续期等。

4. 数据完整性

数据完整性既是一种安全服务，也是一种具体的安全机制。根据保证单个数据单元的完整性或保证数据流的完整性，数据完整性机制是不同的。保证单个数据单元的完整性，一般采用数学方式（如哈希函数）。保证数据流的完整性，一般可以采用顺序号、时间戳等方式。

5. 鉴别交换

鉴别交换是指通过信息交换来完成认证另一方，以便保证实体身份的安全机制。常见的实现方式有数据加密确认、数字签名、利用实体的特征等。

6. 业务流填充

业务流填充是指在正常通信业务流中增加冗余的通信业务，以便抵抗通信业务分析的安全机制。例如，小 A 同学和小 B 同学用数字交流，发送 5 条信息，分别为 1、12、123、1234、12345，攻击者可以通过通信业务流分析这 5 条信息。而我们采用业务流填充机制，可以将每条信息的长度都固定，不足的用 0 补位，5 条信息变成了 10000、12000、12300、12340、12345，即我们在数据流空隙中插入了若干位来阻止流量分析，提供通信业务的保密服务。

7. 路由控制

路由控制是指路由能动态或预设确定，以便为某些数据选择特殊的具有物理安全性的子网络、中继站或链路的安全机制，尤其是在怀疑有侵犯安全的行为时。

8. 公证

公证是指由于第一方和第二方互不信任，因此寻找一个双方都信任的第三方，通过可信第三方的背书在第一方和第二方之间建立信任的安全机制。最常见的例子是网上购物，买家和卖家互不信任，买家担心先付款卖家不发货，卖家担心先发货买家不付款，因此需要一个可信的第三方来建立信任。正如大家在淘宝购物时，买家先付款到支付宝，确定收货后，支付宝再将钱支付给卖家。

思考：在日常生活中，我们使用的指纹或身份证件属于哪一种安全机制呢？

ISO/IEC 7498-2:2018 标准还说明了 OSI 安全服务与安全机制的关系，如表 5.1 所示。

表 5.1 OSI 安全服务与安全机制的关系

安全服务	安全机制							
	加密	数字签名	访问控制	数据完整性	鉴别交换	业务流填充	路由控制	公证
鉴别	√	√	—	—	○	—	—	—
访问控制	—	—	√	—	—	—	—	—
数据完整性	√	√	—	√	—	—	—	—
数据保密性	√	—	—	—	—	○	○	—
抗抵赖性	—	√	—	√	—	—	—	√

说明：√表示安全服务可由该机制提供；—表示不提供；○表示部分安全服务可以由该机制提供。

前文提到，安全产品是安全机制的载体，这里简单介绍几种常见的安全产品。

1. 防火墙

防火墙由计算机系统软件或硬件构成，用于隔离不安全的外部网络和被保护的内部网络，保护敏感的数据不被窃取和篡改，如图 5.6 所示。防火墙起到边界保护作用，需要具备以下条件：所有进入内部网络的通信都必须通过防火墙；所有通过防火墙的通信都必须经过安全策略的过滤；防火墙自身是安全可靠的，不容易被攻破。

图 5.6　防火墙

防火墙通常具有访问控制、内容控制、安全日志、集中管理等功能。访问控制是防火墙最基本也是最重要的功能，通过访问控制功能，防火墙可以允许或限制特定用户对资源的访问。通过内容控制功能，防火墙可以阻止不安全的内容进入内部网络，例如在日常生活中，防火墙可以从电子邮件中过滤掉垃圾邮件。安全日志功能提供了网络通信情况的记录，通过分析相关安全日志，我们可以发现潜在威胁，以便在网络遭受入侵和破坏时，通过安全日志寻找线索。同时，在一个网络安全防护体系中，可能存在多个防火墙，因此防火墙还需要具有集中管理的功能，以便实施统一的安全策略。除此之外，防火墙一般还具有网络地址转换、流量控制等附加功能。

当然，防火墙并不能防范所有的安全问题，例如无法防范网络内部人员发起的攻击，无法防范不经过防火墙的攻击，也无法防范日益更新的所有攻击方式等。

2. 入侵检测系统

通过防火墙，我们可以有效地阻止外部攻击，但是如果攻击在网络内部，应该怎样进行检测呢？这时就要用到入侵检测系统。入侵检测系统的本质是一种通过对网络传输进行监视，发现安全攻击并采取有效措施的网络安全设备。

发现入侵行为是入侵检测系统的核心功能，主要通过分析用户和系统的活动或者评估系统关键数据的完整性来判断系统是否遭受入侵。通常来说，入侵检测系统可以通过获取数据、查看日志等方式来监视用户和系统的活动。在检测到存在入侵行为后，入侵检测系统会记录情况并发出报警。

同样地，入侵检测系统也存在一定的局限性，例如它不具有访问控制功能，无法阻止任何一种安全攻击，以及存在与防火墙的联动问题等。

3. 恶意代码防护

恶意代码是一个计算机程序或一段程序代码，执行后会对计算机系统或网络造成恶意的破坏，包括计算机病毒、计算机蠕虫、特洛伊木马、后门、逻辑炸弹等，如图 5.7 所示。

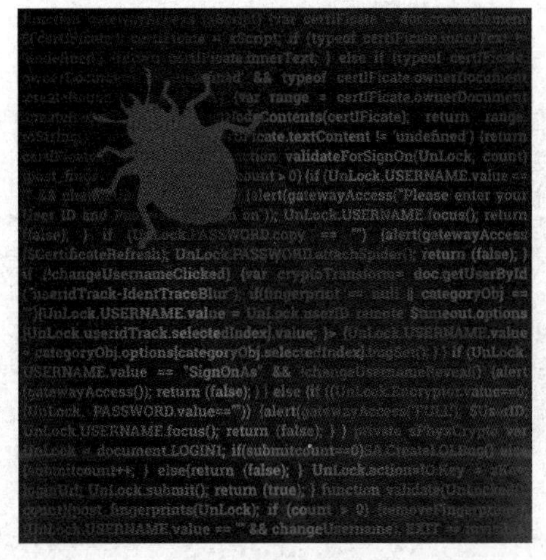

图 5.7 恶意代码

计算机病毒是一种被植入计算机程序中，能进行自我复制，破坏计算机功能或数据的代码。计算机病毒具有传染性、隐蔽性等特征，当感染计算机病毒的文件被一个用户传递给另一个用户时，计算机病毒也能跟随文件快速蔓延。计算机蠕虫其实也是计算机病毒的一种，它的传播不需要人为干预，不寄生在文件中，而是通过网络通信功能散播，利用漏洞主动进行攻击。相较于普通病毒，计算机蠕虫的破坏性更强，清除难度更大。特洛伊木马是伪装成合法程序隐藏在系统中的非法程序。通过被感染的程序，它可以窃取用户信息或执行某些破坏功能，但它不具有传染性，也不能自我复制。清除特洛伊木马的方式就是直接删除被感染的程序。后门指绕过安全控制而获得对程序或系统的访问权限的程序。通过后门，攻击者可以对系统进行隐蔽的访问和控制。逻辑炸弹指在满足特定的逻辑条件时会被触发执行并导致计算机系统功能丧失的程序，它强调破坏性，但并不便于隐藏。

【知识扩展】特洛伊木马的名称源于古希腊神话中的特洛伊战争。希腊进攻特洛伊时久攻不下，在一场战役中，双方正打得激烈，希腊军队却突然撤退，并在军营中留下了一个巨大的木马，特洛伊人以为胜利了，将木马当作战利品带回城内。当天晚上，在特洛伊人为获得胜利而庆祝时，藏匿在木马中的希腊士兵爬出来，杀掉守门士兵后打开城门，与埋伏在城外的士兵里应外合，一夜间消灭了特洛伊人。通过这个故事，我们可以理解特洛伊木马的概念。

恶意代码的处理过程包括 3 个阶段：首先检测到恶意代码的存在，其次对存在的恶意代码做出及时的反应，最后在可能的情况下恢复数据或系统文件。

5.2.3 密码学概述

军事领域对网络安全的需求促进了古典密码学的诞生和发展，而随着信息技术的发展与普及，密码学相关技术如今不再只应用于军事领域，也在逐步走向个人化。

密码学是数学的一个分支，包含密码编码学和密码分析学。密码编码学是通过变换使原始信息保密的科学，是编码方式的设计学。密码分析学是破译密文的科学，主要目的是在密钥未知的情况下分析出原始信息。要了解密码学，需要先了解密码学的几个基本概念。

- 明文：未加密的原始信息。
- 密文：加密的信息。
- 加密：将明文变换为密文的过程。
- 解密：将密文变换为明文的过程，即加密的逆过程。
- 加密算法：对明文进行加密操作时采用的一组规则。
- 解密算法：对密文进行解密操作时采用的一组规则。
- 公开信道：不安全的信道，所有用户（包括攻击者）都可以使用，甚至可以控制的信道。
- 安全信道：攻击者没有重组、删除、插入和读取信息权限的信道。

加密和解密操作通常都是使用同一组密钥进行的，分别称为加密密钥和解密密钥。密钥是打开保密信息的钥匙，是非常关键的信息。它是一组信息编码，其生成、使用和管理都至关重要。一个加/解密系统通常由 5 部分组成：明文空间，是全体明文的集合；密文空间，是全体密文的集合；密钥空间，是一切可能的密钥构成的有限集合；加密算法，是由加密密钥控制的加密变换的集合；解密算法，是由解密密钥控制的解密变换的集合。在密码学中，我们要熟悉经常出现的 3 个人物：协议的发起者 Alice，协议的应答者 Bob 和可能的攻击者 Eve。典型的网络通信安全模型如图 5.8 所示，发起者要通过不安全的公开信道发送秘密信息，就需要利用密钥进行一系列加密处理，将原始信息加密后进行传输，加密的信息在应答者进行解密处理后转换为原始信息。密钥既可以由可信的第三方分发给用户，也可以由用户通过安全信道协商获得。

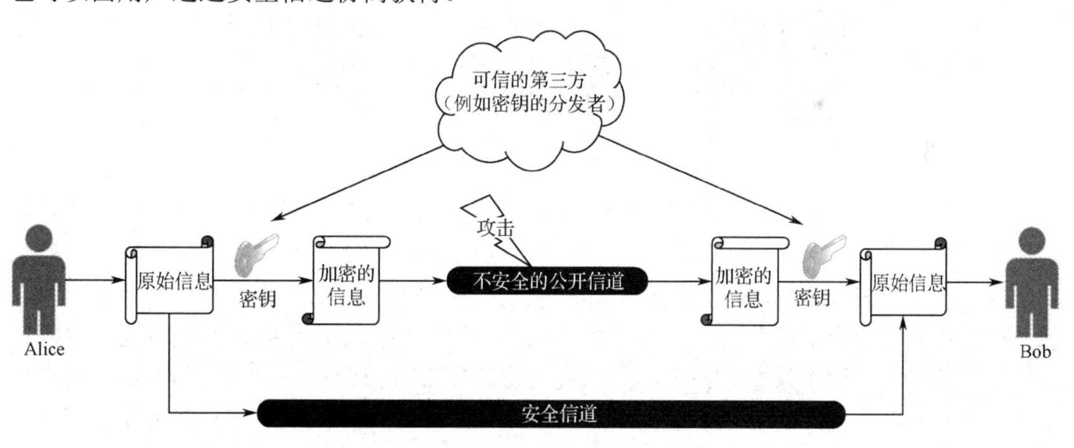

图 5.8 典型的网络通信安全模型

思考：密钥的长度与其安全性是否有关？

对密码进行分析并试图破解的行为被称为攻击。攻击方式一般有穷举攻击、统计分析攻击、数学求解攻击等。穷举攻击指依次尝试所有可能的密码组合来猜测密码，如果密码复杂度较高，那么穷举攻击的效率极低，对于现代不断进步的密码体制几乎没有效果。统计分析攻击通过寻找明文和密文的规律来破译密码。数学求解攻击通过加密算法依据的数学基础，采用求解数学问题的方式来破译密码。攻击方式还可以细分为唯密文攻击、已知明文攻击、选择明文攻击、自适应选择明文攻击、选择密文攻击等。其中，唯密文攻击指攻击者使用一些由同一加密算法加密的信息的密文，目的是恢复尽可能多的明文甚至推算出密钥。已知明文攻击指攻击者不仅知道一些信息的密文，而且知道这些信息的明文，目的是通过这些信息推算出密钥或加密算法。选择明文攻击在已知明文攻击的基础上，增加了攻击者可以选择被加密的明文这一点。自适应选择明文攻击比选择明文攻击又增加了一些权限，攻击者不仅可以选择被加密的明文，还可以根据结果选择另一个相关的明文。选择密文攻击指攻击者能选择不同的密文，并能够获得对应的明文。除上述几种攻击方式外，还有许多其他攻击方式，此处不再一一介绍。

下面简单介绍几种密码学的基本体制，帮助读者建立关于密码学的整体概念。

1. 对称密码体制

对称密码体制采取的是加密和解密使用同一密钥的方式。对称加密是一种简单且快速的加密方式，密钥越复杂，加密程度越强，相应的加密和解密过程越慢。对称加密过程如图 5.9 所示。对称加密算法的优点是计算量小，加密速度快，加密效率高；缺点是发送方和接收方必须在数据传输前协商好密钥，如果一方的密钥泄露，加密信息便会失去安全性。另外，每一次采用对称加密算法时，双方使用的密钥都是其他人不知道的唯一密钥，这导致收发双方拥有的密钥数量呈几何级数增长，用户的密钥管理负担极大。

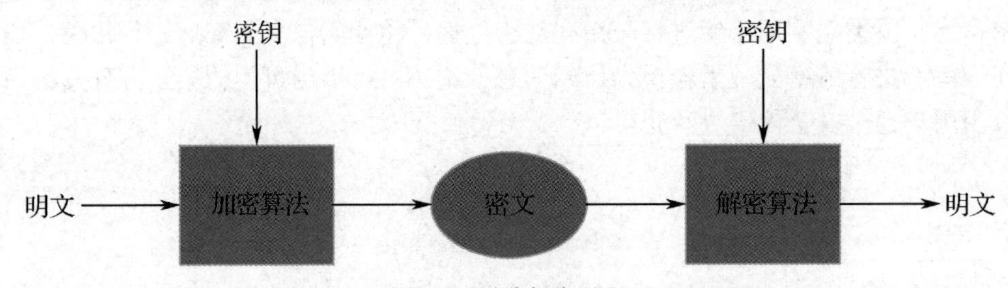

图 5.9 对称加密过程

常见的对称加密算法有 DES、3DES、SM4、AES 等。这里我们先了解一下分组密码算法，分组密码算法是指先将明文进行分组，再将每个明文组按照一系列替换表依次对明文组中的字母进行替换的方法。分组密码算法就是在密钥的控制下，通过某个置换操作来实现对明文分组的加密变换。为了保证分组密码算法的安全强度，需要满足以下几点要求：分组长度足够大，密钥数量足够大，密码变换足够复杂。如果有任意一点不满足，攻击者都可以通过穷举攻击来确定置换或密码变换，达到解密的目的。分组密码算法有 5 种常见的操作模式：ECB（电子密码本模式）、CBC（密码分组链接模式）、CTR（计数器模式）、OFB（输出反馈模式）和 CFB（密码反馈模式）。

DES 中文全称为数据加密标准，是广泛使用的分组密码算法，常应用于 POS、ATM、IC 卡、金融等领域。虽然随着技术更新，DES 日渐衰落，但是因为其良好的设计，至今仍然在一些对安全性要求不高的领域被使用。DES 使用 Feistel 体制作为框架，简单来说，就是每一轮操作相同，将输入分为左半部分和右半部分，将密钥的信息注入当前输入的右半部分，再与左半部分进行异或操作后形成下一轮变换的输入。DES 处理的明文分组长度为 64 位，密文分组长度为 64 位，使用的密钥长度为 56 位。实际上，输入一个要求 64 位的密钥，其中用到的只有 56 位，另外 8 位可以用作校验位。通过初始置换、Feistel 循环、逆初始置换、轮函数等一系列操作，最终实现 DES 加密。DES 的优点是密钥较短，加密和解密速度快，缺点也是密钥较短，不能提供足够的安全性。另外，DES 的半公开性使一些用户怀疑其内部结构存在陷门。而 3DES（三重 DES）解决了 DES 密钥较短的问题，使用两个密钥执行 3 次 DES 算法。

【知识扩展】密码学中的雪崩效应指输入的明文或密钥即使只有很小的变化，也会导致输出发生巨大的变化。这种特性对于一个加密算法来说非常有利，DES 的设计准则之一就是要满足雪崩效应。相应地，如果明文或密钥的变化对最后密文的影响较小，就很可能被用来减少明文或密钥的搜索空间。

SM4 算法是我国采用的一种商用分组密码标准，由国家密码管理局于 2012 年 3 月发布。SM4 密码算法的分组长度和密钥长度均为 128 位，且算法公开，加密算法与密钥扩展算法均采用 32 轮非线性迭代结构。

AES 中文全称为高级加密标准，明文分组的大小为 128 位，允许 3 种不同的密钥长度，即 128 位、192 位或 256 位。根据密钥长度，AES 算法分别被命名为 AES-128、AES-192 或 AES-256。AES 使用代替置换网络作为框架。代替置换网络将数学运算应用于分组密码，将输入的明文进行交替的代替操作和置换操作而产生密文，每一轮使用的子密钥产生于输入的密钥。

与 DES 和 3DES 相比，AES 有更长的分组长度和密钥长度，并在加密算法中加入了数学运算，同时其内部结构（S 盒）简单清晰，因此总体来说提供了较高的安全性。

思考：与 56 位的密钥长度相比，128 位的密钥长度可以使安全性增加多少倍？

2. 非对称密码体制

如前文所述，对称密码体制的缺点在于密钥的管理，以及用户需要在传输密文前使用安全信道进行密钥交换，但在实际应用过程中会存在用户双方互不信任，无法完成密钥交换的问题。为了满足实际应用需求，非对称密码体制出现了。非对称密码体制又被称为公钥密码体制，与对称密码体制相比，非对称密码体制的核心在于加密和解密使用的不是同一密钥，加密密钥和解密密钥不同而又相关，因此我们将它们称为密钥对，这一对密钥分别称为公钥和私钥。顾名思义，公钥是公开的，用于加密；私钥是用户专有的、保密的，用于解密。非对称密码体制的加密和解密过程如图 5.10 所示。每一个用户都会产生一个用于加密和解密的密钥对，用户可以将公钥保存于公开的寄存器或其他可访问的文件中，并自行保存私钥，同时每一个用户可以拥有多个其他用户的公钥。这时，Alice 需要向 Bob 发送信息，于是 Alice 使用 Bob 的公钥对明文进行加密，Bob 收到密文后，使用只有自己知道的私钥解密来得到明文，而其他用户即使获得了传输中的密文，也会因为不知道 Bob 的私钥而无法解密。在任何时刻，用户都可以改变其私钥，只需要公布更新后私钥对应的公钥即可。

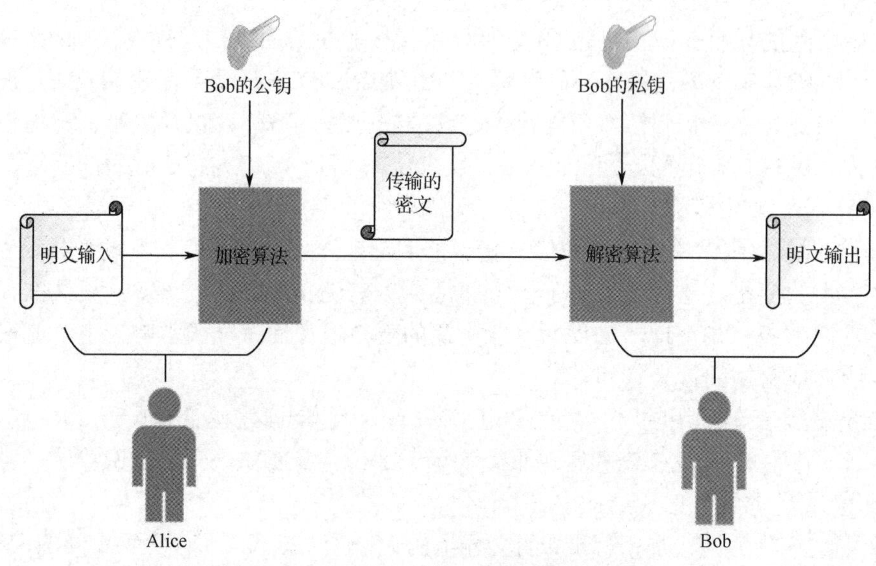

图 5.10 非对称密码体制的加密和解密过程

思考：公钥密码比传统密码更安全吗？

与对称加密算法基于代替和置换不同，公钥算法是基于数学函数的，因此根据单向陷门函数，公钥算法仅根据密码算法和加密密钥来确定解密密钥在计算上是不可行的。非对称密码体制的优点在于不需要经过安全渠道传递密钥，在安全性大大提高的同时简化了密钥管理和数字签名问题。对应地，非对称密码体制的缺点在于加密和解密花费的时间更长，速度更慢。另外我们还需要判断所得到的公钥是否正确，即存在公钥认证问题。非对称加密算法有很多，常见的有 RSA、ECC、SM2 等，此处仅做简单介绍。

RSA 的安全性建立在大整数因子分解的困难性基础上。通过选择两个互异的大素数并进行一系列数学运算产生密钥。加密时，密文 c 为信息的 e（公钥）次方取模；解密时，明文 m 为密文的 d（私钥）次方取模。ECC 即椭圆曲线密码体制，其安全性基于椭圆曲线离散对数问题的难解性，通过选定椭圆曲线及其参数建立系统，使每个用户通过进行一系列计算生成密钥对，并在加密和解密过程中，同样利用生成的公钥和私钥进行运算。

【知识扩展】RSA 和 ECC 都基于公认的数学难题，这些数学难题到目前为止是全球公认暂时无法解决或几乎不能破解的，而加密算法基于这些难题，也就保障了加密算法的安全性。其中，椭圆曲线离散对数问题被公认为比整数因子的分解问题和离散对数问题难解得多，而这也是被实践证明安全有效的 3 类非对称密码体制所依赖的 3 种数学难题。

大多数非对称密码系统都容易遭受中间人攻击，如图 5.11 所示。在 Alice 和 Bob 之间出现了中间人 Eve，当然 Alice 和 Bob 均不知道 Eve 的存在。在交换公钥时，Eve 会向 Alice 发送自己的公钥，并声称这是 Bob 的公钥。同时，Eve 也会向 Bob 发送自己的公钥，声称这是 Alice 的公钥，这样 Eve 就拦截了 Alice 和 Bob 的正常通信。如果 Alice 向 Bob 发送一条加密信息，而实际上使用的是 Eve 的公钥，那么 Eve 截获信息后就可以解密得到明文。Eve 将明文篡改后使用 Bob 的公钥加密将此信息发送给 Bob，Bob 收到信息后可以解密得到明文，但实际上真实信息已经被篡改了。从根本上来说，问题在于 Alice 和 Bob 都无法确定自己收到的公钥是真正属于对方的，因此在实际应用中会引入公钥基础设施 PKI。PKI 是计算机软硬件、策略管理、权威机构及应用系统的结合，是一种可信的第三方，用来实现非对称密码体制中密钥和证书的产生、管理、分配、撤销等功能。

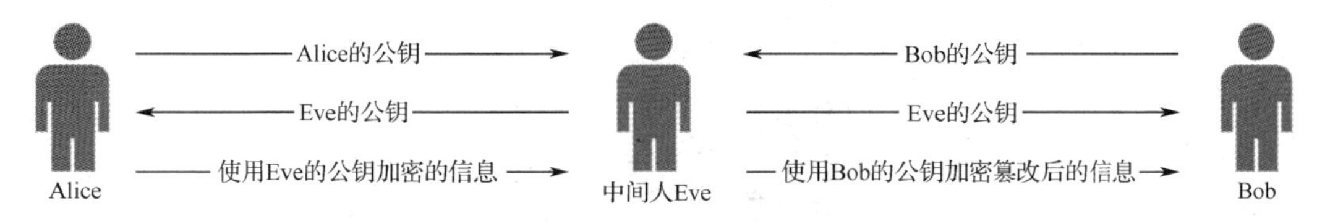

图 5.11　中间人攻击

3. 数字签名

数字签名又被称为公钥数字签名、电子签章，类似于我们日常在纸质文件上面的签名，如图 5.12 所示。

图 5.12　数字签名

数字签名技术是指对数字信息进行签名的技术，能够提供信息来源的真实性、不可否认性、信息的完整性等认证服务，其实现基础是加密技术。数字签名通常包含两部分，一部分是签名，另一部分是验证。签名算法一般由加密算法来充当，大多数数字签名应用都是使用非对称密码算法实现的。数字签名依赖两种前提：私钥被安全地保管，只有其对应的拥有者知道；产生数字签名的唯一途径是使用私钥。联想集团使用手写签名或印章来证明文件的真实性，数字签名同样必须保证几点特性：不同的文档内容对应的数字签名是不同的，信息改变后不能得到与原始信息同样的数字签名；接收方能够验证发送方对报文的签名；发送方事后对自己的签名不能抵赖（不可否认性）；接收方不能伪造签名（不可伪造性）；签名应该具有时效性；签名能够被验证等。

前文提到过，使用公钥加密，使用私钥解密，是非对称密码体制常用的方式，而这里我们说到的数字签名使用私钥签名，使用公钥验证。我们将整个数字签名和加/解密过程联系起来，如图 5.13 所示。Alice 使用自己的私钥对要发送的信息进行签名，那么 Alice 的签名只有使用 Alice 的公钥才能验证，以便 Bob 确认这条信息是 Alice 发送的。而 Alice 的加密信息只有使用 Bob 的私钥才能解密，Alice 就能确认这条信息只能被 Bob 读取。

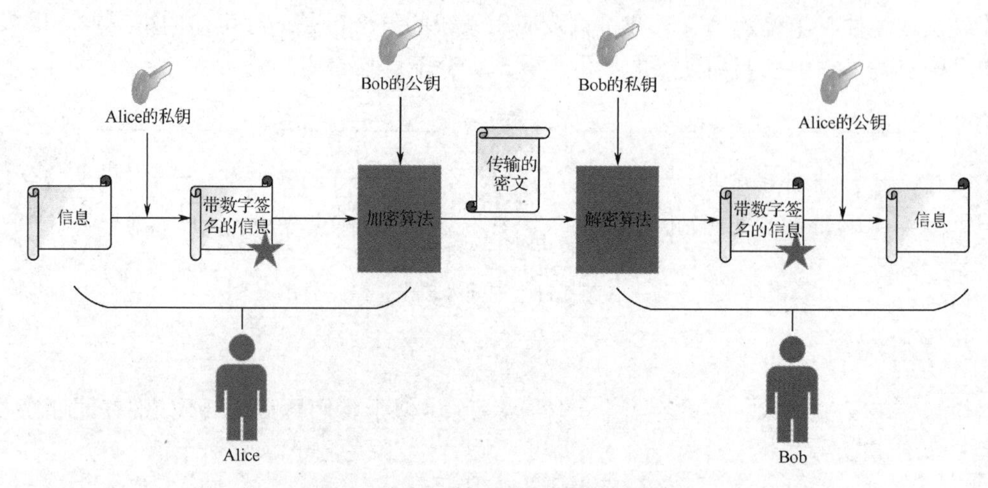

图 5.13　数字签名和加/解密过程

【知识扩展】数字证书和电子签名与数字签名有什么区别呢？数字证书一般由认证机构（CA）颁发，CA 利用自己的私钥、申请证书者的公钥及申请者的一些相关信息加密得到数字证书，数字证书的基本架构是公钥基础设施。电子签名包括手写签名或图章的模式识别、利用人体生物特征进行身份认证的技术，例如人脸识别、指纹识别等方式。

任务 3　与网络安全威胁抗衡

任务描述

由于网络具有开放性和共享性，因此任何网络系统、站点都可能会遭受黑客攻击，且攻击的方式多种多样。在遇到网络安全威胁时，我们应该怎么做呢？在处理完网络安全威胁后又有什么后续工作需要完成呢？在抵御网络安全攻击的同时，我们常常会在上网过程中看到类似的虚假信息：×地域惊现巨型不明生物、×市出现持刀伤人情况已致×人死亡、只要接触到×病症患病人员就会被传染……有些人为了在网络上博取点击量，胡乱编造"重磅"信息发布在网络上，而缺乏网络安全法律意识的人容易轻信谣言，以谣传谣，引发恐慌，对社会秩序造成负面影响。面对这样的信息，我们应该怎么做呢？

任务分析

要应对网络安全威胁，需要先学会网络安全应急处理，对安全事件做出基本响应，确定安全威胁范围，采取抑制措施，同时找到根源，消除威胁。除常见的传统安全威胁外，新兴技术还衍生了新应用场景下的安全威胁。面对网络上各类未经官方证实的形形色色的信息，我们要学会辨别，切勿盲目轻信，切勿冲动转发，而应认真确定信息是否属实。另外，我们还需要熟悉网络安全法律法规。《中华人民共和国网络安全法》是我国第一部全面规范网络空间安全管理方面问题的基础性法律，自 2017 年 6 月 1 日施行，是涉及所有网络用户的法律。我们应熟悉网络安全法，解锁知识盲区，明确责任与义务，提升网络安全法律意识。

知识准备

了解曾经发生的影响力较大的网络安全事件并总结处理方式。

了解计算机新兴技术领域，发现新的安全威胁。

了解网络安全法。

5.3.1　网络安全事件的处理

在了解如何处理安全威胁之前，我们先来了解一下网络攻击。网络攻击一般是指针对计算机网络、计算机系统的软硬件及其中的数据进行破坏、窃取、修改，导致软件或服务失去功能的行为。网络攻击的分类有很多，普遍来说分为主动攻击和被动攻击。

在主动攻击中，攻击者会对数据流进行修改或伪造，可以分为篡改、伪造和拒绝服务。篡改即合法信息被修改，破坏的是信息的完整性。例如，在计算机中，二进制 011 和 0110 代表的意思是不同的；对于会计行业来说，原本总额 10 000.00 元，若修改数据为总额 100.000 0 元，则有天壤之别。伪造即伪装成真正的发送方，达到欺骗并获得合法用户的信息或权利，破坏的是安全认证，影响了通信的真实性。拒绝服务（DoS）指攻击者采取某些措施使计算机或通信设备停止提供服务，破坏的是信息的可用性。

在被动攻击中，攻击者不会主动对数据做任何修改，主要是进行窃取和流量分析。窃取即在未经用户同意或授权的情况下获得信息或相关的数据，破坏的是信息的机密性。流量分析指攻击者虽然捕获了信息，但是无法得到信息的真实内容，但攻击者可以通过观察数据报的模式、通信的次数、信息的长度等方式判断通信的性质，流量分析破坏的同样也是信息的机密性。网络攻击必然会导致安全性被破坏，结合前面了解到的密码技术，部分受威胁特性对应的密码技术应对如图 5.14 所示。面对随时可能发生的网络威胁，除了事前使用密码技术进行防范，在发生网络安全事件之后，我们还需要及时进行危机处理。

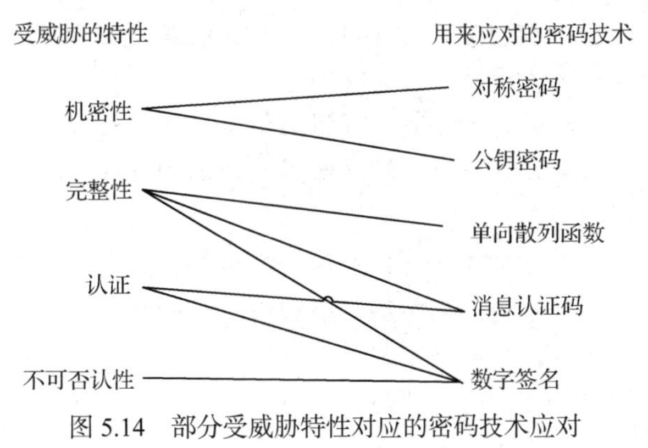

图 5.14　部分受威胁特性对应的密码技术应对

网络安全事件指由于人为原因、软硬件缺陷或故障、自然灾害等，对网络和信息系统或者其中的数据造成危害，对社会造成负面影响的事件。根据《国家网络安全事件应急预案》附件 1 的相关内容，网络安全事件分为有害程序事件、网络攻击事件、信息破坏事件、信息内容安全事件、设备设施故障、灾害性事件和其他网络安全事件等。

（1）有害程序事件分为计算机病毒事件、蠕虫事件、特洛伊木马事件、僵尸网络事件、混合程序攻击事件、网页内嵌恶意代码事件和其他有害程序事件。

（2）网络攻击事件分为拒绝服务攻击事件、后门攻击事件、漏洞攻击事件、网络扫描窃听事件、网络钓鱼事件、干扰事件和其他网络攻击事件。

（3）信息破坏事件分为信息篡改事件、信息假冒事件、信息泄露事件、信息窃取事件、信息丢失事件和其他信息破坏事件。

（4）信息内容安全事件是指通过网络传播法律法规禁止信息，组织非法串联、煽动集会游行或炒作敏感问题并危害国家安全、社会稳定和公众利益的事件。

（5）设备设施故障分为软硬件自身故障、外围保障设施故障、人为破坏事故和其他设备设施故障。

（6）灾害性事件是指由自然灾害等其他突发事件导致的网络安全事件。

（7）其他事件是指不能归为以上分类的网络安全事件。

根据重要网络和信息系统遭受的损失程度，国家秘密信息、重要敏感信息和关键数据丢失或被窃取、篡改、假冒，对国家安全和社会稳定构成的威胁程度，其他对国家安全、社会秩序、经济建设和公众利益构成的威胁程度等几个方面，网络安全事件又分为特别重大网络安全事件、重大网络安全事件、较大网络安全事件和一般网络安全事件 4 个等级。

在网络安全事件发生后，及时的应急响应和处理十分重要。应急处理工作大致可以分为准备阶段、检测阶段、抑制阶段、根除阶段、恢复阶段和总结阶段。

准备阶段即在网络安全事件发生之前为处理事件做好准备工作，主要包括了解各项业务功能及各项业务功能之间的相关性，确定所有的介质应该处于硬件写保护状态，建立一个包含所有应用程序和可信任的不同版本操作系统的安全补丁库，制定相应的应急服务方案，建立备份的体系和流程，按照相关的网络安全政策配置安全设备和软件等。

检测阶段在于对网络安全事件做出初步的反应，确定是否确实发生了安全事件，确定影响范围和危害程度，确定检测方案并及时实施，例如收集并记录系统信息，备份并隔离受影响的系统，在保障数据的前提下对尽可能得到的信息及安全日志进行分析，确定攻击者的攻击方式，确定攻击者入侵系统后的行为等。

抑制阶段在于对安全事件进行限制，尽量避免其扩散导致进一步的破坏，抑制方法包括关闭可被攻击利用的服务功能，修改防火墙或路由器的过滤规则，断开网络，反击攻击者系统，关闭被入侵系统等。

根除阶段即在安全事件被抑制之后，通过分析事件找到安全事件发生的根源，并采取相应的措施消除根源。事件分析分为主动分析和被动分析两种方式。主动分析是指引导攻击者入侵一个受监测的系统，从而观察其攻击方式。被动分析是指根据系统已经存在的异常分析问题的根源，如审计安全日志。最后，改变全部可能受到攻击的系统的密码，消除所有的入侵路径（包括入侵者已经改变的方法），重新安装配置，修补系统和网络漏洞，增强防护功能，提高检测功能。

恢复阶段在于将网络安全事件影响到的系统或网络还原到正常状态，涉及获得装载备份介质、恢复系统数据、恢复关键操作系统和应用软件等多个方面，并在恢复的同时对系统进行全面的安全加固。

总结阶段是指通过回顾网络安全事件全过程，整理与事件相关的信息，进行事后的分析总结，形成网络安全事件处理最终报告，对事件处理过程中存在的缺陷进行针对性的改进。

5.3.2　新兴安全威胁

随着人工智能与大数据相关技术的兴起，人们对新兴领域中存在的安全威胁日益关注。以人工智能领域为例，在人脸识别、生物特征识别方面，容易泄露个人隐私；在机器学习方面，如果在学习过程中攻击者改变少量训练数据，就会产生差别巨大的结果。因此，无论是对于新兴领域中可能产生的安全威胁，还是对于新兴安全威胁，我们首先要有一个认知，才能在真正应对安全威胁时做到有条不紊。

1. 云计算安全

云计算是指通过网络云（由大量计算机和服务器组成）处理和分析巨大的数据量，如图 5.15 所示。作为一种新兴的计算方式，云计算中仍然大量存在传统信息系统的安全问题，除此之外，还有一些新的潜在网络安全威胁。

图 5.15　云计算

（1）虚拟化安全问题。

虚拟化是云计算的主要特征之一，用户可以在任何位置、任何终端获取应用服务。一些虚拟化管理软件的漏洞一旦被攻击者利用，用户的数据就会毫无安全性可言。另外，若物理主机存在安全问题，则该物理主机上的所有虚拟机都可能存在安全威胁。

（2）用户对数据和业务系统的控制问题。

在日常生活中，云笔记等应用服务成了用户工作生活的必备服务，重要文档、隐私信息可被随手保存到云端，而用户的数据和业务系统都位于用户的数据中心，用户数据的生成、存储、处理、获取都与云计算平台相关。云服务商具有访问、利用和操作用户数据的能力，而用户却不能对云服务商直接进行管理，同时用户也难以对云计算平台的运行情况、云服务商的安全措施进行有效监督，这就增加了用户数据和业务的风险。

（3）司法管辖权确定问题。

在云计算环境中，用户无法掌握数据的实际存储位置，当发生争议时，从法律角度来看可能存在司法管辖权的确定问题。

（4）云计算平台遭受攻击问题。

数据量越大，云计算平台的优势才会越明显。正是因为云计算平台拥有海量数据的数据中心，用户高度集中，才更容易成为不法分子的攻击目标，并且其遭受攻击所造成的后果和影响都将是巨大的。

2. 物联网安全

物联网是指将各种实物通过传感器、RFID 等各种装置和技术与互联网连接起来，用于实现对物品的智能化识别和管理，如智能家居、车联网、智慧城市等都是物联网在不同领域中的应用，如图 5.16 所示。物联网系统中的保护对象根据具体应用场景而定，如人员、基础设施服务、设备等。物联网目前面对的主要安全威胁如下。

图 5.16　物联网

（1）拒绝服务攻击。

物联网具有智能处理功能，旨在使身边的物体更加智能地为人类提供服务，而拒绝服务攻击通过发送大量请求来使目标系统容量过载而无法响应信息，达到令目标系统无法提供服务的目的，这对于用户的使用体验来说，无疑是致命的。

（2）固件安全与更新问题。

许多物联网设备无法升级固件，而固件的升级有利于漏洞的不断修补。如果设备的固件是固定的，攻击者就可以对物联网设备进行分析并发起针对性的攻击。只有固件保持不断更新，才能更加有效地避免安全问题。若固件无法更新，则应该采取其他相应的安全措施进行防护。

（3）高级长期威胁问题。

高级长期威胁问题是指隐匿而持久的电脑入侵过程，攻击者可以长时间非法访问网络而不被发现。攻击者通过某种手段将自己隐匿起来，可以长期监控网络活动，窃取关键数据，而且由于共享性，大量数据在多个设备之间传输，攻击者可以轻松渗透多个系统，获得大量用户的数据。

3. 加密货币劫持

加密货币劫持也被称为挖矿劫持，是指未经授权就使用他人的计算机挖掘加密货币（如比特币）的行为。加密货币是数字货币，通过密码学原理来确保交易安全及控制交易单位，如图 5.17 所示。例如，电子商务领域与加密货币紧密相关。攻击者会通过入侵用户设备，安装相应的挖矿程序，利用用户的计算机处理能力和资源来挖掘免费的加密货币。挖矿劫持不会损害用户数据，主要受影响的是处理器资源。因此在这个过程中，用户能感觉到计算机处理速度有所下降，但通常会误以为是访问网站的问题。挖矿劫持不需要攻击者拥有强大的技术能力，相对于勒索软件，其成本与风险更低，却能获得更多的金钱，因此近年来挖矿劫持事件层出不穷。

图 5.17　加密货币

思考：为什么会存在数字货币呢？

【知识扩展】加密货币发展至今已经有非常多的币种，主流的有比特币（Bitcoin）、门罗币（Monero）、莱特币（Litecoin）、瑞波币（Ripple）、以太坊（Ethereum）等，其中比特币与其他虚拟货币相比总数量非常有限，门罗币具有较强的匿名性，莱特币采用更快的区块生成技术和更好的并行交易处理能力，瑞波币采用更为中心化的结构。感兴趣的同学可以自行查询更多相关的资料。

5.3.3 我国的网络安全法律体系

传统产业围绕互联网逐渐走向智能化，网络技术的应用越来越广泛，随之而来的网络安全问题也越来越严峻。网络安全是一个复杂的问题，大到军事博弈与国家安定，小到个人隐私安全，它与每个人都息息相关。面对来自全球黑客组织、敌对势力及国家之间的网络攻击，必须依托强有力的网络安全防御和技术水平实现反制。为此，我国不断地加强网络安全建设，完善国家网络安全和信息化发展战略及重大政策，积极面对各个领域的网络安全和信息化重大问题。2016 年是我国制定网络安全战略的元年，而关于我国的网络安全战略在前文已有讲述，这里将重点介绍我国的网络安全法律体系。

1997 年，《中华人民共和国刑法》首次界定计算机犯罪。2002 年，我国成立了全国信息安全标准化技术委员会，主要负责信息安全技术专业领域内的信息安全标准化工作，包括安全技术、安全机制、安全服务、安全管理、安全评估等领域的标准化技术工作。全国信息安全标准化技术委员会采用国际标准与自主研制并重的工作思路，有计划、有步骤地开展网络安全国家标准研究和制修订工作。截至 2018 年 4 月，正式发布的网络安全国家标准已经达到 215 项。2016 年 11 月审议通过且 2017 年 6 月 1 日起实施的《中华人民共和国网络安全法》是我国第一部全面规范网络空间安全管理方面问题的基础性法律，也是我国网络空间法治建设的里程碑。

2019 年 10 月 26 日，第十三届全国人民代表大会常务委员会第十四次会议表决通过《中华人民共和国密码法》，并于 2020 年 1 月 1 日起施行。

目前，由全国人民代表大会及其常务委员会通过的法律规范中涉及网络安全的有《中华人民共和国宪法》《中华人民共和国网络安全法》《中华人民共和国保守国家秘密法》《中华人民共和国国家安全法》《中华人民共和国刑法》《中华人民共和国治安管理处罚法》《中华人民共和国电子签名法》《全国人民代表大会常务委员会关于维护互联网安全的决定》《全国人民代表大会常务委员会关于加强网络信息保护的决定》。

我国行政法规中涉及网络安全的有《中华人民共和国计算机信息系统安全保护条例》《中华人民共和国计算机信息网络国际联网管理暂行规定》《商用密码管理条例》《中华人民共和国电信条例》《互联网信息服务管理办法》《互联网上网服务营业场所管理条例》《信息网络传播权保护条例》。我国正在抓紧推进数据保护方面的规章制度、标准等的制定工作。2019 年以来，国家互联网信息办公室会同各行业主管部门研究起草了《数据安全管理办法（征求意见稿）》《网络安全审查办法（征求意见稿）》《个人信息出境安全评估办法（征求意见稿）》《儿童个人信息网络保护规定（征求意见稿）》《App 违法违规收集使用个人信息行为认定方法（征求意见稿）》等。由此可见，我国网络安全法律体系正在一步步完善，网络也并不是法外之地。

内容考核

思考题

1. 阐述网络空间的概念。
2. 为什么说没有网络安全就没有国家安全？
3. 针对网络空间安全面临的挑战，请你通过网上搜索、文献查找等各种途径思考和了解目前可行的解决办法。
4. 简述我国的网络安全战略。
5. 网络安全有哪些基本属性？
6. 简述基于 OSI 参考模型的网络安全体系结构。
7. 数字签名为什么能够保证数据的真实性？
8. 安全机制是什么？安全服务是什么？
9. 对称密码体制和非对称密码体制的区别是什么？
10. 网络安全事件分为哪几类？
11. 网络攻击分为哪几类？请你简述其特点。
12. 网络安全应急处理工作包括哪几个阶段？各阶段的主要内容是什么？
13. 除文中所述的新兴安全威胁外，还有哪些新的安全威胁存在？
14. 总结我国网络安全法律体系现状。

第6章

行业愿景展望

内容介绍

作为职业院校的学生，如何择业、如何就业及如何确立自己的职业发展渠道是同学们必须面对的现实问题。通过前面章节的学习，我们已经对本专业的基本范畴、基本知识、前沿动态有了深入了解。在此基础上，我们需要进一步了解党和国家有关信息技术发展的政策理论知识、职业发展规划知识，从而帮助我们树立正确的职业观，丰富求职技巧，实现高质量就业。

任务安排

任务 1　行业发展动态

任务 2　人工智能与大数据的中国境遇

任务 3　确立职业生涯规划

任务 4　就业创业实践

学习目标

✧ 了解人工智能与大数据的战略定位。

✧ 了解党和国家对人工智能与大数据的政策支持。

✧ 掌握确立职业生涯规划的基本方法。

✧ 掌握就业创业的基本技巧。

任务 1 行业发展动态

任务描述

如今，人工智能与大数据等新技术相结合所产生的成果，已经悄然改变了我们的生活。滴滴出行、美团打车等平台的智能系统会根据周边空闲车辆和候车人员的数量进行动态定价；淘宝、京东等平台会根据大数据来分析我们的使用习惯、浏览痕迹，从而推送首页广告；支付宝、微信等支持快捷支付；看似简单的指纹解锁也蕴含着复杂的智能模型和算法；强大的人工智能服务器在多个参数的约束下不停地进行深度运算。在人们的生产生活日益发生变化的情况下，我们完全有理由也有可能对人工智能与大数据的行业发展方向进行推测和展望，从而为今后从事相关岗位的工作奠定基础。

任务分析

人工智能与大数据行业出现爆发式发展不过十余年的时间，而对于这样一个年轻且大有可为的行业，同学们肯定既好奇又兴奋。经过近年来的积淀，人工智能与大数据已经成为新生产力蓬勃发展的标杆，被越来越多的人关注和认可，引领第四次工业革命，成为推动人类社会向前发展的新生产力，成为人类社会向前发展的新希望。

知识准备

对三次工业革命的历史及标志性成果有初步了解，对一些前沿新兴科技有一定的认识。

6.1.1 人类发展的新希望

自以蒸汽机为代表的第一次工业革命将人类带入近代以来，人类先后经历了第二次工业革命和第三次工业革命，见证了电气化时代的大规模生产，计算机和通信技术飞速发展掀起的时代浪潮。半个世纪以来，得益于三次工业革命的成果，成千上万人摆脱了贫困，解决了温饱问题，拥有了全新的生活方式。但不可否认的是，人类智慧创造的经济科技成果正日趋集中，发展不平等、环境污染等状况正在加剧，且短期内这些问题似乎无法得到有效解决，当今世界正处于一个转型发展的“十字路口”。

在当前时代大背景下，从大数据到云计算，从情感识别到智能生活，从人工智能到生物技术，从先进材料到量子计算，这一系列的变化被视为第四次工业革命的开端。现在，第四次工业革命正在融合数字、物理和生物系统，以人工智能、大数据和物联网为主要驱动，正在颠覆、创新几乎所有的产品与服务，涉及通信、引擎、医疗、教育、娱乐、旅行等领域。它将改变和创新一切制造业，改变军事和国防，改变生产和分配方式，改变社会组织和文化，改变科技发展的走向和未来。

毫无疑问，第四次工业革命蕴含着人类发展的新希望，延续了自第一次工业革命以来改善人类生活的发展进程。为了实现这些技术成果的发展、运用与转化，各国、各组织、各不同利益相关者都将携手合作，共同探讨这些新技术如何改变我们周围的环境，以及如何影响全人类的生活，共同探讨如何推进技术创新的公平分配以确保能够真正惠及全人类，共同探讨不断被赋予“智能”的技术如何为人类服务，从而改善全球治理、解决当前人类发展的矛盾和问题。这些都将是第四次工业革命改变人类生活的体现。我们正处于第四次工业革命的“超级风口”，将共同见证人类生产生活的伟大变革。四次工业革命及其标志性成就如图 6.1 所示。

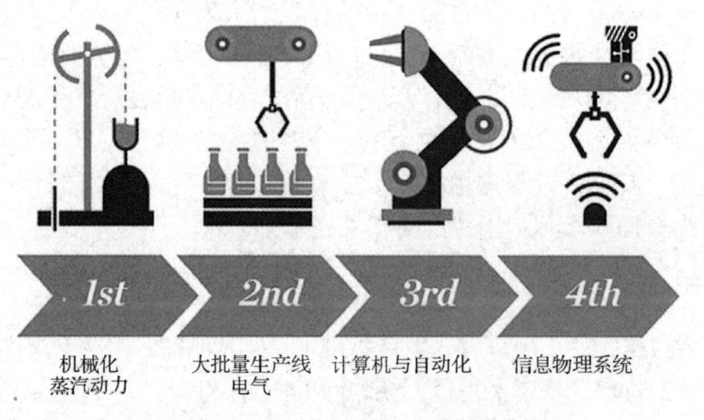

图 6.1　四次工业革命及其标志性成就

6.1.2　第一生产力的标杆

过去十多年，大数据的应用主要集中在数据营销领域。从全球范围来看，该领域已经形成上千亿美元的产业，人们搜索、浏览、阅读、购买、收藏等一切网络行为都会被记录下来，搜索引擎、门户网站、电子游戏、网络商务会根据人们的搜索痕迹给每一个人打上标签并进行数字画像，在合适的时间、场合把广告商的广告推送给网络用户。在军事方面，情报搜集、作战兵器、战场动态、指挥命令等越来越多地以数据的形式存在，而这些数据的串联、海量的信息构成了基本的战场形态，大数据技术日益成为军队高层进行决策的重要依据。越来越多的人开始认识到一种军事变革：信息化战争。此外，金融、地产、制造、农业等领域也为大数据提供了更为宽广的发展空间。

由于大数据已经在各行业发挥了深层次作用，鉴于其潜在的巨大影响，很多国家、国际组织都将其视为重要战略资源。美国政府把大数据比作“未来的新石油”。2012 年 3 月，美国奥巴马政府宣布了“大数据研发计划”，并设立了 2 亿美元的启动资金，希望增强海量数据收集、分析挖掘能力，认为这事关美国的国家安全和未来竞争力。联合国推出的“全球脉动”项目，希望利用大数据对某些地区的失业率、病毒感染率等进行数据推演，以便提前进行指导和援助。越来越多的迹象表明，在大数据时代，所有的事物都将在数据库中以“点”的形式存在，一个物体就是一个数据，万事万物都被归纳为某一个类别，被贴上标签。大数据分析会在海量数据的基础上，找出其中的内在逻辑，并给出结论性意见。

例如，在实际生产生活中，相关行业人员常常被以下问题困惑。

工厂清楚地了解经销商和经销渠道，却不清楚终端零售对象的喜好，困惑于怎样改进自己的产品以更好地迎合消费者的需要，以及如何尽可能地减少库存并按市场需求扩大生产。

零售商并不完全清楚消费者选择商品的具体依据，很难针对如何提高消费者的购买欲望而做出改善。

电子商务网站常常困惑于只能通过广告吸引用户浏览，或者用“打折”“赠送”等形式提高销售率，很难把握每一个终端用户的真正意向。消费者在货比三家后选择购买或直接购买时，到底是商品外观、功能、价格、评价、设计中的哪一项打动了消费者呢？

如果说在现实世界中由于人员流动、数据不容易保存而造成生产者、销售者难以进行数据统计与分析，那么在大数据时代，无论是浏览、对比、询价还是分析、讨论、策划，都在互联网中保留了大量的行为数据。通过对大数据的分析挖掘，我们不仅可以发现大量数据背后的规律，甚至可以通过大数据及时实现对某些领域的预测（如人的行为、天气的变化）。大数据会使我们的决策更加科学，使社会运转更加高效，这就是大数据所带来的生产力变革。

6.1.3 智能时代的悄然来临

人工智能与大数据正在彻底改造我们的生产生活，人工智能在21世纪早期的目标包括自动化机械引领物理世界的发展，以及实现人类与计算机之间的互联。目前，人工智能在认知能力上的发展非常迅速。例如，在综合学习和高级推理方面，机器学习技术有可能超越人类。在人工智能的推动下，各种具有高级功能的“机器”正在或者将要成为人类的得力助手，人类已经悄然进入智能时代。

1. 可穿戴式设备日益发挥重要作用

自世界上第一部电话于1878年在德国制造完成，真正用于民用通话的手机于1973年被摩托罗拉研制成功，人类越来越依赖这些外在的可穿戴式设备。2007年，苹果公司发布首款触屏手机 iPhone，真正开启了触屏手机的时代。时至今日，手机正在集合越来越多的功能，成为可穿戴式设备领域使用范围最广、影响最大的智能设备。

2. 智慧家庭正在形成

智能家居正在对传统的保姆行业构成威胁。智能家居通过智能机器人、物联网将家中的各种设备连接在一起，我们可以在办公室、游乐场等场所轻松控制家里的灯光、温度，可以及时地与智能机器人进行立体交互，实现对家居生活的动态掌控，如图6.2所示。

3. 智慧社区已然出现

智能科技在将智能家居设备连接在一起形成智慧家庭时，也在依靠大数据网络实现智慧家庭的相互连接，从而形成智慧社区。智慧社区会充分借助新的信息技术，将楼宇、绿化、路网、监控、医院、超市、停车场、幼儿园、养老院等统一连接起来，互相协调，优化资源配置，最大限度地方便小区业主生活。早在2009年，IBM就与美国迪比克市合作，建立了美国第一个智慧型社区，对社区内的公共资源进行及时监测和分析，并做出智能化响应。智能水表、电表的应用，极大减少了漏水、漏电事件的发生，不仅避免了意外，也对资源节约起到了积极作用。

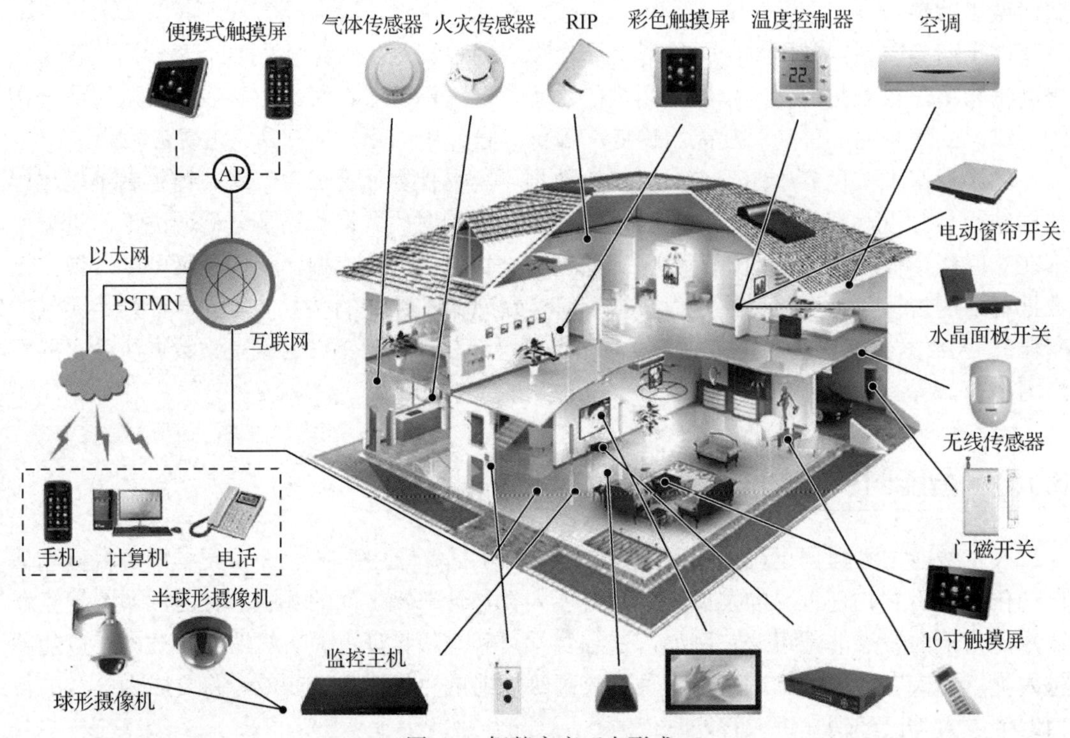

图 6.2 智慧家庭正在形成

4. 智慧城市理念正被广泛接受

智慧城市的概念首先由 IBM 在 2010 年提出。丹麦王国首都哥本哈根提出将通过智能系统将城市各种设施与自然连接起来，实时监测人类的生产活动对节能减排的影响。瑞典首都斯德哥尔摩在 2010 年也曾经被欧盟委员会评定为“欧洲绿色首都”，解决了许多城市面临的环境污染、交通堵塞、能源紧缺的问题，实现了安全健康的可持续发展。

除此以外，无人驾驶机器人、飞行机器人目前已经能够解决此前难以逾越的难题，无人驾驶汽车已经可以在高速公路上安全行驶。传感器技术与材料科学技术所取得的突破也极大地提高了机器的感知、移动和认知能力。人类已经可以利用智能机器人探索火星、月球，也可以利用智能机器人进行抢险救灾、自动化生产，此处不再一一赘述。这些现象充分表明，智能设备及相关的产业有井喷趋势，智能设备正在改变我们的生活，人类社会也已经悄然进入智能时代。

6.1.4 社会分工变革畅想

用机器人代替人力，已经不是一件新鲜事。许多企业早已引入自动化生产线，极大地降低了人力成本。而今，无人便利店、无人超市、无人收费站甚至无人银行等已经在一些城市出现。

在深圳，由金蝶软件开发的金蝶 EAS 智能财务机器人能够结合人工智能从业务发起环节自动识别发票等原始单据，通过内置财务机器人实现财务的自动审核与记账。

在杭州，开元酒店的智能机器人能够通过肢体语言与客人互动，向来访的旅客介绍酒店的基本情况和周围的景点。

在北京，中央电视台以主持人康辉为原型制作的“康晓辉”、人民日报与科大讯飞科技合力打造的虚拟女主播“果果”等 AI 机器人正走上新闻播报台，面向全国观众播报新闻。

在曼哈顿，汇丰银行旗舰店机器人“小辣椒”能回答客户的各种问题，包括最近的 ATM 机在哪里，如何兑换外币等。“小辣椒”甚至还会做出许多拟人动作，比如自拍或讲笑话。

我们可以看到，人工智能与大数据相结合的产物正在各个行业大放异彩。目前机器人主要应用于以下几个方面。

1. 机器人医生

作为一个对专业要求极高的行业，一位合格的医生在行医前要经过长期系统的教育培训。在我国，医疗资源集中于一线城市，西部地区、偏远地区医疗资源相对不足的问题还未得到彻底解决，一些地区的居民依然被“看病难、看病贵”所困扰，如何解决医疗成本偏高和医疗资源分配不均的问题需要各方共同努力。而今，基于临床医疗大数据与超级计算机能力的人工智能辅助诊疗技术能够对病人进行快速诊断，其诊断准确率甚至高于普通医生。由广州市妇女儿童医疗中心、加州大学圣地亚哥分校联合人工智能研究和转化机构研发出的人工智能诊断平台已经实现了这样的成功尝试。由中山大学肿瘤防治中心牵头开展的上消化道肿瘤人工智能诊疗决策系统在临床试用过程中对恶性肿瘤的识别准确率已经达到 95%以上。由国家神经系统疾病临床医学研究中心等机构研发的智能系统还曾经与人类战队进行比赛，在进行了 225 例颅内肿瘤影像和 30 例脑血管疾病影像判读比赛后，智能系统分别以 87%、83%的准确率战胜了人类战队 66%、63%的准确率。在手术领域，由麻省理工学院等研发的达 • 芬奇手术机器人在全球已经装备了大约 4000 台，完成了大约 300 万例手术。

机器人医生已经显现出诊断准确率高、稳定性好的特点，而且能够极大地降低聘用成本和缓解资源分配不均的问题，在我国广大偏远地区，或许很难聘请到一位高水平专家医师，但是很有可能引入一台机器人医生。

2. 机器人士兵

有学者认为，机器人士兵从诞生到现在的发展大致可以分为 3 个阶段：遥控执行任务阶段、半自主式作战阶段和自主式无人作战阶段。当前，我们正处于遥控执行任务或半自主式作战阶段，机器人士兵还需要在技术人员的操纵下执行军事任务。而处于萌芽或起步阶段的自主式机器人士兵更接近于“超级智能”，也就是无须人员引导，其本身自带的导航系统、敌我识别系统、火控系统等的智能化程度能够使其自主执行任务。非人形机器人士兵如图 6.3 所示。如果按照这样的趋势设想，人类完全有可能退出战争一线，淡出对机器人士兵的操控，实现机器人士兵的完全自主控制。高度智能的机器人士兵的出现与发展势必会带来作战方式的深刻变革。

图 6.3　非人形机器人士兵

机器人士兵所具备的较强的作战能力、较低的使用成本、强大的战场适应能力、全天候的作战能力无疑能够全方位碾压人类士兵。若当前研发或应用的无人机、无人潜艇、无人武器等真正进入超级智能阶段，则机器人士兵还将具备超视距自主攻击能力，并且能够承担人类士兵无法承担的危险、繁重、艰苦的作战任务。

但是，机器人士兵同样会给人类带来一些潜在的威胁：机器人士兵不需要休息，它们不知疲倦，没有人类情感，不会对战争所造成的创伤产生同情和恐惧心理，它们的目标就是按照程序完成任务，就像我们玩电子游戏时指挥虚拟世界的人物进行杀戮一样。以往战争中用来约束战争行为的人性、道德、种族等在机器人士兵面前将不复存在。机器人士兵可以通过自动化生产车间来生产，比人类的进化繁衍速度（大约 25 年一代人）快得多。所以，机器人士兵的批量生产、高度自动化、低使用成本将使发动战争变得“轻而易举”。

3. 机器人伴侣

正是因为人工智能产品越来越像人类，图灵测试的意义历久弥新：机器人不仅能够理解人的情绪，甚至可以欺骗人。目前，国际上一些相关机构正在进行相关的研究，希望机器人能够读懂人的心意。

Emotient（人工智能技术公司，2016 年被苹果公司收购）、Affectiva（情绪识别公司）等企业正致力于开发通过人脸识别来判断人的心理活动的软件。它们通过大数据编制并分析 5000 多个表情和情感目录时发现，女人比男人笑得更多，南非人是世界上表情最外露的人。日本开发的情感机器人“小 IF”，可以从对方的声音中发现感情的微妙变化，并通过自己表情的变化在对话时表达喜、怒、哀、乐等情绪，还能通过对话模仿对方的性格和癖好。美国麻省理工学院研发的“Nexi”机器人不仅能理解人的语言，还能够对不同语言、人的面部表情变化做出相应的反应，通过转动和睁闭眼睛、皱眉、张嘴、打手势等表达丰富的情感。

伴随着人工智能与大数据的发展，未来可能会出现一种记录每一个人成长活动的大数据芯片，从而为情感机器人的“一对一”专属服务提供技术支撑。通过读取专属成长记忆数据，机器人伴侣将在我们需要的任意时刻成为“见证”我们成长的关注者、陪伴者，为我们带来更多有温度、人性化的服务。

任务 2　人工智能与大数据的中国境遇

任务描述

随着移动互联网、物联网、大数据、人工智能技术的成熟，世界主要发达国家都在积极推进制造业转型升级。生产制造领域将具备收集、传输、处理大数据的能力，形成工业制造互联网。德国政府在 2013 年推出《德国工业 4.0 战略》，强调通过信息网络与物理生产系统的融合改变当前的工业生产与服务模式。美国在制造业高端领域更是遥遥领先，其互联网及 ICT（Information Communications Technology）巨头与传统制造业领军厂商 GE、思科、IBM、英特尔等公司成立了工业互联网联盟，不仅牢牢占据制造业顶端，更是在重新定义（技术标准、产业化等）制造业的未来。为了抓住第四次工业化的历史机遇，我国政府强调基于人工智能与大数据高速发展背景下实现传统制造企业转型升级，从产品生产过程到企业运作全方位实现智能化，并以大数据分析为向导实现工业个性化定制。

任务分析

从第一次工业革命开始，中国曾经一度落后，经过新中国成立以来的艰苦奋斗成为“跟跑者”。随着工业 4.0 的悄然到来，中国通过长期积淀，有希望成为“领跑者”。作为马克思主义执政党，中国共产党自成立起就把马克思主义当作思想武器。马克思主义经典作家关于科学技术的意义、地位、作用等方面的重要论述为中国共产党人发展中国的科学技术提供了价值指引。人工智能与大数据的发展已经成为当代中国共产党人高度重视的前沿科技，对于推进工业化和信息化深度融合，早日将我国建设成科技强国具有重要意义。

知识准备

了解党和国家领导人对人工智能与大数据发展的讲话精神，了解相关的政策文件。

6.2.1　中国共产党人的神圣使命

科学技术思想是马克思主义的重要组成部分，马克思主义主要创始人认为，“生产力中也包括科学”“社会的劳动生产力，首先是科学的力量”“历史上的劳动力，都是掌握了一定的科学技术知识的劳动力”“科学技术的发展，必将引起社会各方面的深刻变化”。这一系列论述深刻表明马克思主义对发展科学技术的高度重视。中国共产党人在革命、建设和改革实践中，坚持把马克思主义科技动力观与中国实际相结合，有力推动了中国的科技现代化进程，在短短几十年间实现了中国的飞速发展，走完了西方发达国家几百年的工业化道路。在实现中华民族伟大复兴的重要关口，以习近平同志为主要代表的当代中国共产党人高度重视以新发展理念引领发展，深刻把握科技创新在建设社会主义现代化强国中的战略作用，为当代中国科技创新发展提供了基本政治保障。

习近平勉励科研人员："希望你们积极抢占科技竞争和未来发展制高点，突破关键核心技术，在重要科技领域成为领跑者，在新兴前沿交叉领域成为开拓者，为经济社会发展、保障和改善民生、保障国防安全提供有力的科技支撑。"

尽管在许多高技术领域，我国已经具备一定的国际竞争力，不少技术已经处于世界领先水平，拥有了"FAST 天眼""蛟龙深海探测器""墨子号量子卫星""天鲸号绞吸式挖泥船"等标志性创新成果（见图 6.4），但是科技进步一日千里，在新一轮科技革命和产业变革背景下，我国在一些关键领域仍然缺乏核心技术，应该密切关注当今世界科技创新发展的新形势，大力发展核心技术。在众多新技术中，人工智能与大数据技术作为新一轮科技革命的代表对当代中国发展有着重大意义。

图 6.4　中国标志性创新成果

习近平指出，"大数据发展日新月异，我们应该审时度势、精心谋划、超前布局、力争主动，深入了解大数据发展现状和趋势及其对经济社会发展的影响，分析我国大数据发展取得的成绩和存在的问题，推动实施国家大数据战略，加快完善数字基础设施，推进数据资源整合和开放共享，保障数据安全，加快建设数字中国，更好服务我国经济社会发展和人民生活改善。"在分析研判大数据的发展现状和趋势的基础上，深刻阐明大数据发展对国家经济社会发展和更好满足人民美好生活需要的重要性。

在中共中央政治局第九次集体学习时，习近平围绕如何推动我国新一代人工智能健康发展时强调："人工智能是新一轮科技革命和产业变革的重要驱动力量，加快发展新一代人工智能是事关我国能否抓住新一轮科技革命和产业变革机遇的战略问题。"这个论述深刻阐明了加快发展新一代人工智能的重大意义，为推动我国新一代人工智能健康发展提供了政治指导和理论遵循。

在国际人工智能与教育大会上，习近平指出："人工智能是引领新一轮科技革命和产业变革的重要驱动力，正深刻改变着人们的生产、生活、学习方式，推动人类社会迎来人机协同、跨界融合、共创分享的智能时代。"党和国家领导人对人工智能与大数据的高度重视和相关指导，充分彰显当代中国共产党人坚持以马克思主义为指导，将科技创新摆在发展生产力的突出位置，为人工智能与大数据如何更好地服务经济社会发展指明了方向。

在生产领域，客户与企业之间的交互交易行为本身蕴含着大量的数据信息，挖掘这些信息可以更好地了解客户需求和完善产品设计，推动产品创新。在当前，越来越多的企业正在生产线上安装数以千计的传感器，探测温度、压力、热能、震动、噪声，实现精细的标准化生产，建立高标准工艺过程。这些领域的发展完善离不开人工智能与大数据的智能支持。

如果说工业机器人是工业 3.0 的标志之一，那么在工业 4.0 时代，智能的工业机器人将逐步取代传统的工业机器人，在云计算、人工智能、大数据技术支撑下从事各种复杂多样的工作。例如，宝钢股份开发的“工序一贯质量分析应用系统”，该系统覆盖热轧及后道工序的 13 条生产线，通过运用智能化技术，对采集的关键数据进行实时、精确的计算，分段监控每一道制造工序，有效地提高了质量异常情况下的声、光实时报警的命中率，对现场及时采取补救措施发挥了积极作用，降低了工序缺陷产品的产生率。自 2015 年该系统成功上线运行以来，现场缺陷的检出和分析效率明显提高，产品质量缺陷也得到了有效控制，为宝钢股份“智能制造”大数据的收集和贯通奠定了基础。

有些学者大胆预测，未来工厂里可能没有工人，智能产品在交付给消费者之后，并不意味着买卖行为的结束，而是意味着买卖行为刚刚开始，因为智能产品会长期不断地与生产商的工厂保持联系，并且源源不断地记录、输入使用过程中产生的数据。大量的数据在通过人工智能算法进行分析后，可以成为生产智能产品的数据支撑。例如，中国面向 30 多个省市自治区的定制化挖掘机，可以采集不同省份的温度、湿度等环境数据，再通过人工智能算法进行分析，之后进行定制化生产，这就是所谓的智能产品。

6.2.2 信息化和工业化深度融合的必然要求

党的十八大报告首次提出信息化和工业化深度融合的命题，深刻指出，“坚持走中国特色新型工业化、信息化、城镇化、农业现代化道路，推动信息化和工业化深度融合、工业化和城镇化良性互动、城镇化和农业现代化相互协调，促进工业化、信息化、城镇化、农业现代化同步发展。”党的十九大报告继续指出，“加快建设制造强国，加快发展先进制造业，推动互联网、大数据、人工智能和实体经济深度融合，在中高端消费、创新引领、绿色低碳、共享经济、现代供应链、人力资本服务等领域培育新增长点、形成新动能。”习近平在多个重要场合、会议中也反复强调要推动互联网、大数据、人工智能和实体经济深度融合。这是党和国家“做好信息化和工业化深度融合这篇大文章”的一脉相承，是党中央立足人民日益增长的美好生活需要和不平衡不充分的发展之间的矛盾，紧紧把握新时代的新特征和新要求，瞄准“两个一百年”奋斗目标做出的战略谋划和前瞻部署，为两化融合赋予了新使命，提出了新要求。

当前，信息化是以互联网、大数据、人工智能为代表的信息化。互联网在人工智能与大数据的发展过程中发挥着重要基础作用，赋予了政府、企业进行资源配置的能力，进一步拓展了网络协作分工的功能。大数据作为信息化的重要驱动力，正在以数据为核心不断地催化和重构生产要素，将促进经济发展模式向信息生产和信息服务转变，大幅度提高生产效率，规避生产过程中的产品过剩等风险，减少资源浪费。人工智能通过状态感知、实时分析、科学决策、精准执行，实现了对生产、交换、消费中隐性数据的显性化和对技术、技能、经验等隐性知识的显性化，推动形成了“数据—信息—知识—决策”的数据智能流动闭环，代表着智慧社会的发展方向。

信息化的发展离不开实体经济的支撑，习近平指出，我国是个大国，必须发展实体经济，不断推进工业现代化、提高制造业水平，不能脱实向虚。

实体经济是我国经济发展、在国际经济竞争中赢得主动的根基。同样地，推进供给侧结构性改革，实体经济的发力需要借助信息化成果。推进信息化与工业化的深度融合，客观要求人工智能与大数据的发展要以服务实体经济为目标，推动生产方式和生活方式的革命性变革。催生个性化定制、智能化生产、网络化协同、服务型制造等新模式与新业态，推行智能制造、绿色制造，促进制造业发展模式加速变革。使人工智能与大数据能够在培育新兴产业、改造升级传统产业、提高制造业发展质量上发挥作用，实现更好的质量、更低的成本、更快的交付、更高的满意度，优化资源配置效率，提高全要素生产率，推动实体经济高质量发展，推动构建现代化经济体系。正是在全行业的迫切要求下，加速推进制造业向智能化、服务化、绿色化转型，为人工智能与大数据的深入发展带来了新思维、新导向和新平台。

产品在生产完成以后，还要面临产品销售与售后维护等问题。在我国积极拓展海外市场和拉动内需的客观要求下，大数据正在发挥日益重要的作用。当前，大数据分析已经成为许多电子商务企业提升供应链竞争力和产品精准销售能力的重要手段，在帮助企业降低运营成本、扩大市场方面发挥了重要作用。

通过大数据提前分析和预测各地商品需求量，许多大型互联网企业正在全国进行深度布局，以求用最短时间将商品运送到消费者手中。据京东集团 2020 财年第四季度和全年业绩报告显示，截至 2020 年 12 月 31 日，京东集团已经在全国运营超过 900 个仓库。包括京东物流管理的云仓面积在内，京东物流仓储总面积达到了 2100 万平方米。其中京东倾力打造的自动化程度非常高的亚洲一号智能仓库，通过 RFID 技术、物联网技术等实现了将所有的商品集中存储在同一物流中心的仓库内，减少了跨区作业，提升了客户满意度，降低了成本，如图 6.5 所示。该仓库可以快速完成商品的拆零拣选，合并属于同一订单的商品，依靠自动化设备进行订单快速分拣，确保分拣效率和准确性。这样的自动化仓库已经在北京、上海、广州、沈阳、成都、武汉等大城市相继建立。

图 6.5　京东智能仓库

大数据不仅能够提升供应链竞争力，在产品销售领域也大有作为。通过历史数据的多维度组合，可以看出区域性需求占比和变化、产品种类的市场受欢迎程度，以及最常见的组合形式、消费者层次等，以帮助企业及时调整铺货策略。大数据技术正在受到越来越多的企业青睐。无论是在淘宝、京东还是拼多多等电子商务平台，当消费者购买某件产品后，首页推荐都会出现同类产品，浏览、收藏或者加入购物车的产品也会进入产品推荐模块。还有研究人员发现，上网高峰期主要集中在中午 12 点之后和晚上的 12 点之前。出现这种现象的原因是人们睡觉前普遍都有上网的习惯，于是有些电子商务平台就利用消费者这种“强迫症”在晚上 12 点进行促销活动，以增加销量。这些都是大数据在促进产品销售方面的积极作用。

6.2.3 科学技术弯道超车的重要领域

当前世界正在经历工业 4.0 的伟大革命，中国并非一个旁观者，而是一个重要参与者，正在以自己独特的步伐迈进，甚至在第四次工业革命的浪潮中能够借助电子商务、5G、人工智能等实现科学技术的弯道超车。人工智能与大数据不仅是中国科学技术赶上甚至超过世界主要发达国家的基础，还是实现中国科技提档升级的重要领域。

随着阿里巴巴、腾讯、华为、格力等科技品牌的强势发展，中国科技品牌正在迅速成长，日益引起国际社会的瞩目。英国权威品牌评估机构“Brand Finance”发布“2020 全球最有价值的 100 个科技品牌排行榜”，中国共有 20 个科技品牌上榜，排名最高的华为品牌价值 650.84 亿美元，淘宝、天猫则入围最有价值的三大电子商务品牌，显示了中国科技品牌的强劲实力。有数据显示，中国科技品牌成长速度已经超越欧美企业，平均品牌价值增速为 24.4%，例如阿里巴巴的增速高达 58%。相比之下，谷歌的品牌价值增速为 11%，微软则为 6%。这些数据表明，尽管中国的科技实力在总体上与世界发达国家特别是头号发达国家美国尚有较大的差距，但是在一些关键领域已经实现了加速追赶，甚至大有后来者居上的趋势。

深度挖掘这些科技企业成长的原因，我们可以发现这样一个共同点：它们都离不开互联网、大数据、人工智能的支持。在 2020 年世界人工智能大会云端峰会上，阿里巴巴、华为、京东、科大讯飞、上汽集团、中国移动等企业向世界展示了中国在深度学习、智能芯片、自动驾驶、机器视觉、语音识别、智能机器人、大数据等领域取得的成就。在第二十六届国际人工智能联合会议上，中国与会人数接近与会总人数的 1/4。中国科学技术发展战略研究院在 2020 年浦江创新论坛上发布的《中国新一代人工智能发展报告 2020》数据显示，中国在国际人工智能开源社区的贡献度已经成为仅次于美国的第二大贡献国。2019 年中国共发表人工智能相关论文约 2.87 万篇，同比增长 12.4%。在自动机器学习、神经网络可解释性方法、异构融合类脑计算等领域中，涌现了一批具有国际影响力的创新性成果。中国人工智能学科和专业建设在 2019 年持续推进，180 所高校在 2019 年获批新增人工智能本科专业，北京大学等 11 所高校新成立了人工智能学院或研究院。这些数据充分表明，在科技创新的道路上，中国在人工智能与大数据领域处于领先地位和第一梯队，完全有能力、有机会借助最快的超级计算机、人工智能等前沿性科技，利用后发优势在第四次工业革命中脱颖而出。

全球价值链分工已经成为当今社会分工的重要形式。改革开放以来，我国依靠丰富的劳动力资源、较强的产业配套和加工制造能力，积极融入全球价值链分工，逐步成长为全球制造生产基地。国家统计局数据显示，2018 年制造业增加值增长 6.5%，其中高技术制造业、战略性新兴产业和装备制造业增加值分别比上年增长 11.7%、8.9%和 8.1%，制造业 GDP 达到 264 820 亿元，制造业规模稳居世界第一位。但与世界先进水平的制造业相比，我国制造业大而不强，核心技术、高端装备对外依存度高，缺乏世界知名品牌，高端装备制造业和生产性服务业发展滞后，企业国际化经营能力不足。

相关的统计数据显示，中国制造业技术对外依存度高达 50%，设备投资的 60%以上依靠进口。工业产品新开发的技术中约 70%属于外援性技术。对高端嵌入式产品和装备的研发与世界发达国家还存在较大差距，一部分企业的出口产品遇到了明显的技术和标准壁垒，对很多企业的未来发展产生了恶劣影响。国内众多厂商加大投入，推出自己的人工智能芯片：寒武纪公司推出第二代云端人工智能芯片“思元 270”；华为发布人工智能手机芯片“麒麟 9000”，如图 6.6 所示；百度发布远场语音交互芯片“鸿鹄”。单从设计架构层面看，国内的人工智能芯片已经达到国际领先水平。下一步，还需要从高速接口及专用的集成电路 IP 核、制造芯片的最新设备和工艺等方面加强创新，不断地缩小与世界主要发达国家的差距。

图 6.6　麒麟 9000

国务院印发的《新一代人工智能发展规划》指出，大力发展人工智能新兴产业，包括智能软硬件、智能机器人、智能运载工具、虚拟现实与增强现实、智能终端、物联网基础器件，加快推进产业智能化升级，推动人工智能与各行业融合创新，在制造、农业、物流、金融、商务、家居等重点行业和领域开展人工智能应用试点示范，推动人工智能规模化应用，全面提升产业发展智能化水平。工业和信息化部颁布的《大数据产业发展规划（2016—2020 年）》指出，到 2020 年，技术先进、应用繁荣、保障有力的大数据产业体系基本形成。大数据相关产品和服务业务收入突破 1 万亿元，年均复合增长率保持 30%左右，加快建设数据强国，为实现制造强国和网络强国提供强大的产业支撑。

2019 年 4 月，国家发展和改革委员会颁布《产业结构调整指导目录（2019 年本，征求意见稿）》，正式将人工智能与大数据单独划分为一个产业，本次产业结构调整目录直接提及人工智能的条目共计 18 条，在水利、钢铁、煤炭、石化化工、建材等 23 个领域的鼓励类条目中都涉及人工智能产品或人工智能技术应用，间接提及人工智能产品及技术的鼓励类条目多达百余条。从这些政策措施可以看出，人工智能与大数据不仅已经单独形成一个产业，而且已经融入其他相关的产业，在推动产业结构调整的过程中发挥日益重要的驱动作用。

任务3 确立职业生涯规划

任务描述

人工智能与大数据时代的到来，引发了各行业的深刻变革，这不仅催生了全新的行业，而且催生了对新型人才的海量需求。我们可以将这样的人才称为“人工智能人才”“大数据人才”“数据科学家”等。近年来，世界主要发达国家均高度重视人工智能与大数据技术的发展，重视相关领域人才的培养。但无论是国内还是世界主要发达国家，其人才培养都还存在一定的滞后性，有较大的人才缺口。在可以预见的未来，无论是学习人工智能与大数据还是从事相关行业的工作都有着光辉的前景，我们需要提前了解职业相关信息，拟定职业行动步骤，做好职业生涯规划。

任务分析

人工智能与大数据作为引领行业变革的“风口型”专业，面对广阔的就业前景，我们应该如何选择？这就需要我们了解实际的就业态势，做好就业准备。

知识准备

了解中国计算机学会，了解学会年度发展报告中的重要数据，掌握 SMART 职业决策方法。

6.3.1 职业认知

根据《中华人民共和国职业分类大典》(2015)，我国目前社会职业分为8个大类、75个中类、434个小类、1481个职业。2019年，人力资源和社会保障部等正式向社会发布了人工智能工程技术人员、大数据工程技术人员、云计算工程技术人员、数字化管理师等新职业信息，正式明确了人工智能与大数据的职业类型。如果我们将人工智能与大数据人才进行分类，就可以继续细分为人工智能与大数据技术型人才、人工智能与大数据管理型人才、人工智能与大数据安全型人才、人工智能与大数据分析型人才、人工智能与大数据政策型人才。也就是说，本专业学生未来可以从事偏技术型、偏管理型、偏政策型等多种类型的工作。

根据中国计算机学会大数据专家介绍，现在仅以大数据、人工智能、云计算这些学科为代表的新一代信息技术产业，人才缺口有150万人。到2050年，人才缺口会达到950万人。

清华大学发布的《中国经济的数字化转型：人才与就业》报告显示，当前我国大数据领域人才缺口高达150万人，到2025年将达到200万人。业内的共识是人工智能人才缺口在百万人级别，目前一些企业已经给相关的岗位开出了几十万元甚至上百万元年薪。

教育部《2018年度普通高等学校本科专业备案和审批结果》中新增专业点2072个，以数据科学与大数据技术、机器人工程、智能科学与技术等为代表。2019年“高等职业教育专业设置备案结果”也显示，2019 年度新增 406 所高等职业院校获批设立“大数据技术与应用”专业，全国共有 682 所高等职业院校成功申请该专业。

伴随《国家职业教育改革实施方案》的深度实施，未来将有一大批与人工智能和大数据相关的专业人才进入劳动力市场。这一组供求关系构成了当前人工智能与大数据劳动力市场的现状及未来走向，从目前来看本专业仍然有着广泛的市场需求和良好的就业前景，是一个欣欣向荣的朝阳职业。

6.3.2 职业决策

在了解人工智能与大数据招生就业态势以后，同学们接下来需要进一步明确自己的职业目标，进行职业决策，掌握职业决策的步骤与方法。我们可以按照从一般到个别的认识规律，通过一般职业决策来探究人工智能与大数据相关专业的职业决策。

一般而言，职业决策可以根据以下逻辑来进行。

- 明确自身定位：学校层次是什么？专业类型是什么？掌握的技能有什么？等等。
- 明确职业目标：从事哪一类工作？从工作中想要获得什么？
- 进行决策检验：决策是否科学合理？是否能够实施？

根据职业定位，同学们可以从自身所处的学业阶段、专业、年级、已经掌握的与专业相关的知识技能进行认知。在目标的确立上，我们不妨来看看以下两个目标的差异。

目标 A：我要努力学习《程序设计基础》，掌握基本理论知识，提高自己的编程能力。

目标 B：我计划在这个学期初步掌握 C 语言编程能力，掌握 C 语言基础语法，熟悉基本的常见算法，独立编写代码，编写测试数据，独立调试程序，从而掌握这项技能。

从中可以看出，虽然都以学习 C 语言为目标，但是目标 B 明显更具体化、更具有可操作性。其中应用了确立目标的一个重要方法：SMART 方法。这个方法是指目标的确立应该满足如下要求。

- Specific：具体的、明确的。
- Measurable：可衡量的，能够明确评估的。
- Achievable but challenging：可实现的，同时具有一定的挑战性。
- Realistic：实际的，有意义的，有价值的，积极的，服务于某个大目标的（小目标与大目标）。
- Time-bound：有明确的时间限制。

职业目标的确立实际上反映了职业决策，只有正确的职业决策才能制定科学合理的职业目标。通常而言，职业决策可以分为理性决策和非理性决策。所谓非理性决策，是指在决策过程中将自己的直觉感受作为决策的依据，或者盲目顺从别人的计划，或者制定决策后无法执行。而理性决策强调能够确定各种可能性并排出优先级，保持较强的执行力。这里引用 SWOT 方法供同学们进行职业决策参考。

SWOT 方法是一种非常有用的职业决策工具，如表 6.1 所示。通过 SWOT 方法分析，我们可以很快了解自己的优势和劣势，并评估出自己感兴趣的不同职业发展目标的机会和威胁。

表 6.1　SWOT 方法

优势（Strength） • 什么是我最优秀的品质？ • 我曾经学习了什么？ • 我曾经做过什么？ • 最成功的是什么？ ……	劣势（Weakness） • 我的性格有什么弱点？ • 经验或者经历还有哪些缺陷？ • 最失败的是什么？ ……
机会（Opportunity） • 什么样的环境是我的机会？ • 什么样的行业是我的机会？ • 什么样的职业是我的机会？ • 什么类型的组织是我的机会？ ……	威胁（Threat） • 什么样的环境是我的威胁？ • 什么样的行业是我的威胁？ • 什么样的职业是我的威胁？ • 什么类型的组织是我的威胁？ ……

下面以“大数据工程技术人员”为例，探讨 SWOT 方法在职业决策中的应用。

- 在优势方面，我们应首先具备专业优势，掌握大数据专业相关的知识，具有系统的基础知识储备。其次可能会涉及专业技能大赛、专利证书、学科成绩等优势，并且在校期间在专业相关领域取得了一定的成果，在同辈群体中具有比较优势。这个比较优势甚至还可以拓展为自己的性格、颜值、口才、家境等优势。
- 在劣势方面，首先可以理解为知识储备、动手能力的不足，思考自己在岗位胜任上还有哪些知识技能存在短板。其次需要从自己的性格、习惯等方面进行分析，例如作息规律与工作规律可能不一致，不善于与他人交往等。最后是与他人竞争比较凸显的劣势。
- 在机会方面，可以理解为就业、择业的时机，例如自己中意的单位恰好来校招聘，甚至获得了专属的就业渠道、就业信息。
- 在威胁方面，有环境带来的威胁，如通勤距离、工作环境对身心健康的影响，人际关系的处理等；有竞争者带来的威胁，如比较劣势、不正当竞争手段等。

经过具体指标罗列，我们可以进行大数据工程技术人员职业决策，思考自己是否适合从事相关的职业。在此基础上，同学们还可以尝试撰写一份大学生职业生涯规划书，通过自我分析、职业分析、目标分析、目标实施、目标检测等确定自己的职业发展方向。

任务 4　就业创业实践

任务描述

每天，我们都要接触海量信息。从纷繁复杂的信息中提炼出就业信息并有效整理，是同学们在就业季必须掌握的一项技能。求职信息包含职业定位、职业发展、专业需求等信息，对非应届大学毕业生而言也很重要。我们通过学习解读就业信息的方法，为日后就业创业打下基础。

任务分析

寻找就业创业的渠道和方法，是进行就业创业的第一步。同学们已经对如何进行职业决策和生涯规划有了了解，或许还尝试过投递简历，但是对一些更加正规的求职、创业渠道还不甚了解，从而影响我们就业创业的质量。本节我们将对一些求职信息、创业信息进行分析，进一步提升同学们的就业创业能力。

知识准备

了解求职的渠道和方法。能够浏览、分析求职信息，并根据就业需求判定自己适合（擅长）的岗位。

6.4.1 抓取就业信息

无论是各级人力资源网和社会保障网，还是高校人才网和大学生就业信息网，这些网站每天都会发布海量的招聘信息。这些信息不仅是招聘信息，其所汇聚的信息流本身还是大数据的研究和应用对象。面对纷繁复杂的就业信息，如何提炼并有效分类，从而找到满意的工作，既是对所学知识的学习检测，也是同学们未来走出校园获取求职信息的重要环节。因此，了解基本的求职渠道和方法，学会分析就业信息，了解与本专业有关企业的招聘流程就显得十分重要。

抓取招聘信息的基本方法如下。

1. 尽可能收集足够多的就业网站

对于就业信息，我们不仅追求“精益求精”，也强调“广泛撒网”，因为足够多的就业网站意味着我们可以尽可能穷尽同一时期、同一地域的招聘信息，从而更好地帮助我们进行就业决策。这里以高校人才网为例进行介绍。

高校人才网首页如图 6.7 所示。

图 6.7 高校人才网首页

高校人才网作为一家专注于收集并发布各类公职人员招聘信息、大中型企业招聘信息的专业网站，因为其信息的准确性高、时效性强等特点在高校毕业生群体中享有很高的声誉。

高校人才网功能丰富，既具有信息发布功能，也支持在线工作人员进行咨询帮扶。与其他就业网站相比，该网站可信度高，信息内容较为权威，招聘单位较为正规，可以成为同学们未来进行求职应聘的参考网站。

2. 抓取同类型企业关键信息

同类型企业关键信息主要包括企业名称、企业介绍、地点、联系方式、主要领导人、企业成果、企业文化等。通过对这些信息进行关键字比对，我们可以快速了解企业信息中最有价值的内容，有助于测评该企业是否满足自身期望条件。

3. 抓取职业岗位关键信息

职业岗位关键信息主要包括岗位名称、岗位描述、工作内容、资格要求、薪酬福利等。抓取关键信息后，还需要借助职业决策平衡单判断岗位与自身实际需要相适应的程度，如表 6.2 所示。

表 6.2　职业决策平衡单

考 虑 方 面	考 虑 因 素
个人物质利益	薪酬
	发展前景
	生活质量
	健康保障
	……
个人精神利益	归属感
	成就感
	环境适应情况
	……
他人物质利益	家庭收入
	家庭经济支持
	夫妻帮扶
	……
他人精神利益	陪伴家人
	子女教育
	社会交际
	……

通过表 6.2 可知，职业决策平衡单可以帮助我们在面对各类职业信息时，从物质利益和精神利益两个层面、个人和他人四个层次判定具体岗位的实际价值，从而在纷繁复杂的岗位信息中确定自己的理想岗位。

4. 抓取政策法规公开信息

政策法规公开信息主要包括各级党委政府出台的产业规划、人才培养计划、行业发展白皮书、企业利税信息等。通过了解相关的信息，我们可以尽快了解国家的相关政策及行业发展动态，以便从宏观上对自己所从事的行业有总体的了解。

在进行上述步骤以后，同学们便可以开始投递简历，准备面试环节。

6.4.2 创新创业准备

创新创业是大学生在校及步入社会以后的重要发展方向，也是党和政府高度重视的一项工作。创新创业强调培养大学生独立思考、善于质疑、勇于创新的探索精神，提升创新创业能力，培养适应创新型国家建设需要的高水平创新创业人才。有志于走创新创业成长道路的大学毕业生，都希望能够在这个过程中擘画自己的美好蓝图。对比就业而言，创新创业具有更高的风险，同时也具有更高的收益。自己是否适合创新创业，学校有哪些创新创业平台，怎样实施自己的创新创业计划等问题，是大学毕业生走上创新创业道路需要解决的重要问题。

1. 锤炼基本素质

首先要培养自己的创新创业意识。创新创业是生存和发展的手段之一，是锤炼综合素质和实现个人个性发展的重要渠道。在巨大的就业压力下，我们可以把创新创业当作自己未来可能的发展方向之一，激发创造美好生活的精神动力。

其次要塑造优秀的品质。优秀的品质包括身体素质、心理素质和知识储备。吃苦耐劳、精力充沛、团结进取、富有责任心等身心素质既是用人单位重点关注的要素，也是创新创业者应该具备的基本素质。

除此之外，创新创业的大学毕业生还应该进行相应的知识储备，包括党和政府的创新创业政策、学校的创新创业资讯、法律法规知识、营销知识和专业知识等，这些知识有助于大学毕业生尽快确定自己的创新创业方向，打造自己的创新创业项目。

2. 校内创业平台

以中国特色高水平高等职业学校建设单位重庆电子工程职业学院为例。该校建有科学技术部“重电众创 e 家”国家级众创空间；累计培养 5 万余名具有创新创业意识和创新创业能力的技能型人才；有 400 多个创业项目入驻学校双创基地进行孵化（其中孵化企业 228 家），带动 2612 人就业；超过 5000 名学生获得了 GYB、SYB 等创业资格证书，获得帮扶创业贫困学生、残疾学生等超过 100 人，证书样本如图 6.8 所示；参加各类创新创业竞赛，获得省部级及以上奖励 92 项；参加全国职业技能大赛，获得一等奖 25 项。

3. 创新创业步骤

“科学的项目+优秀的团队+足够的资金+合适的场地+完善的组织”是创新创业的基本要素。创新创业的核心在于项目，选定创新创业项目能够为整个实施计划提供方向指引。

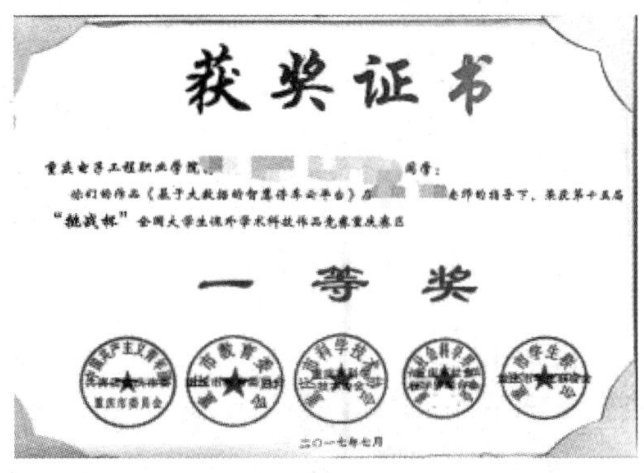

图 6.8　创新创业获奖证书样本

创新创业项目的灵感来源主要有学校创新创业大赛、学校及各级政府创新创业重点支持项目、行业发展需求、个人社会观察。创新创业需要同学们具备敏锐的洞察力，能够觉察到国家的政策扶持方向、行业需求和社会需要，找到具有实际价值的独特创新点。

在项目实施过程中，同学们应该组建自己的创新创业团队，联系并确定指导教师，从最基础的创新创业大赛入手来逐步打磨自己的项目，争取获得学校、政府或企业的资金支持，提高团队和个人的创新创业能力。具有一定经济基础的同学也可以在父母和家人的帮助下开展创新创业实践。

总之，在人工智能与大数据行业飞速发展的今天，同学们需要尽早了解职业发展动态和行业发展需求，及时确立职业生涯目标并制定规划，准确抓取就业信息，使自己的学习发展能够尽可能地与社会发展相适应，为未来赢在职场打下坚实的基础。

内容考核

思考题

1．怎样认识人工智能与大数据在新一轮科技革命中的作用？

2．联系生活实际，谈一谈智能科技带来的变化。

3．结合社会分工变革，谈一谈未来可能会出现的新职业、新角色。

4．自党的十八大以来，党和国家领导人关于人工智能与大数据发展的重要讲话、重要会议有哪些？主要内容是什么？

5．简要阐述我国人工智能与大数据发展的产业态势。

6．结合所学知识，简要阐述在未来求职过程中需要具备的专业素质。

7．使用 SWOT 方法分析自己的职业可能性，确定最优选项。

8．进行一次职业生涯人物访谈，了解并学习他们的择业观、择业方法、职业评价，进行职业满意度分析。

反侵权盗版声明

Computer 高等职业教育计算机系列教材

信息技术

◎ 信息技术（基础模块）（武春岭 傅连仲）"十四五"职业教育国家规划教材
◎ 信息技术（拓展模块）（武春岭 惠宇）
◎ 信息技术（基础模块）（杨殿生 张光亚）"十四五"职业教育国家规划教材
◎ 信息技术（基础模块）（郭永玲 曾文权）
◎ 大学信息技术基础（GPT版）（涂蔚萍 贺琦）
● **新一代信息技术基础**（吴焱岷 喻旸）
◎ 智慧办公与创新实践（ChatGPT版）（陈兴威 吕光金）
◎ 信息技术（微课版）（黄林国）
◎ Office 2019办公软件高级应用（微课版）（黄林国 张瑛）
◎ 大学计算机一级考试指导（微课版）（黄林国）
◎ 大学计算机二级考试指导（办公软件高级应用）（微课版）（黄林国）
◎ 大学计算机三级考试指导（网络及安全技术）（黄林国）
◎ 人工智能概论（微课版）（黄林国 汪国华）
◎ 大学生信息技术基础（基础模块）（微课版）（李顺琴 何娇 董引娣）
◎ 大学生信息技术基础（拓展模块）（微课版）（何娇 李顺琴 邓长春）
◎ 计算机信息素养（段琳琳 陈兴威 谭见君）
◎ 用微课学大学信息技术基础（Windows 10+Office 2019）（汪婵婵 陈汉伟 邵佳靓）
◎ 信息技术基础（李腾 吴焱岷）
◎ 信息技术基础（Windows 10+Office 2019）（第2版）（俞立峰 韩建良 宋雯斐）
◎ 信息技术基础（WPS Office 2019）（潘彪 杨海斌）
◎ 信息技术（基础模块）（微课版）（赵莉 谷晓蕾）

ISBN 978-7-121-46926-8

责任编辑：潘 娅
封面设计：孙焱津

定价：39.00 元